JN041953

オウムアムアは地球人を見たか？

異星文明との遭遇

アヴィ・ローブ
松井信彦訳

Extraterrestrial
The First Sign of Intelligent Life Beyond Earth
Avi Loeb

早川書房

オウムアムアは地球人を見たか？

——異星文明との遭遇

EXTRATERRESTRIAL
The First Sign of Intelligent Life Beyond Earth
by
Avi Loeb

Translated by
Nobuhiko Matsui
First published 2022 in Japan by
Hayakawa Publishing, Inc.
This book is published in Japan by
arrangement with
Mary Evans Inc.
through The English Agency (Japan) Ltd.

装幀／坂野公一（welle design）
写真／Shutterstock.com

わが三人の女神、オフリット、クリル、ロテムへ、
そして、この宇宙にいるほかの皆様へ

目次

※訳者による文中の注は〔　〕で示した。

はじめに

時間が取れたら、外へ出て宇宙に見とれてみよう。もちろん夜なら申し分ない。だが、それとわかる天体が真昼の太陽だけのときにも、宇宙は必ずそこにあって目を向けられるのを待っている。思うに、空を見上げるだけでも物の見方は変わりうる。

頭上に広がる光景がひときわ壮観なのは夜だが、それは宇宙の性質ではない。人間の都合だ。私たちの大半が昼間はほとんど、いろいろな用事にかまけて目の前数十センチないし数メートルの範囲に気を取られている。頭上に意識が向くとしたら、たいてい天気が気になったときだ。それでも、夜になれば地上での気苦労はえてして薄らぐし、月や星や天の川（あまがわ）が、運が良ければ彗星や人工衛星が通り過ぎていく様子が、市販の天体望遠鏡で、さらには肉眼でも見えてくる。

思い立って見上げれば目に飛び込んでくるあの光景は、有史以来、人類にインスピレーションを与え続けてきた。近年では、ヨーロッパ各地で見つかっている四万年前の洞窟壁画が、私たちの遠い祖先が星の動きを追っていた証拠だと考えられている。詩人に哲学者、神学者から科学者まで、人類は宇宙を見て畏敬の念を抱いたり、行動に駆り立てられたり、文明を進歩させたりしてきた。実際、ニコラウス・コペルニクス、ガリレオ・ガリレイ、アイザック・ニュートンによる科学革命に勢いを与えて、地球を物理宇宙の中心の座から引きずり降ろしたのは、まだ萌芽期だった天文学だ。みずからをおとしめるようなこの世界観を唱えたのは彼らが初めてではなかったが、先人の哲学者や神学者とは違って、彼らは仮説を立てて証拠で裏付けるというアプローチを採っており、以来それは人類文明の進歩を見極める試金石となっている。

＊＊＊

私は職業人生の大半を、宇宙への好奇心を慎重に、徹底的に、厳密に満たすことに費やしてきた。地球の大気圏外のことなら何でも、直接または間接的に私の本業の守備範囲に入ってくる。本書の執筆時点で、私はハーバード大学天文学科の学科長、ハーバード大学ブラックホール・イニシアチブの創設者兼所長、ハーバード・スミソニアン天体物理学センター理論計算研究所の所長、ブレイクスルー・スターショット計画の委員長、全米アカデミーズ物理学および天文学委員会の委員長、エルサレムのヘブライ大学「アインシュタイン：不可能を可視化する」デジタルプラットフォーム諮問委員会の委員、そして米国大統領科学技術諮問委員会の委員の任を仰せつかっている。私は恵まれており、宇宙を巡る実に奥深い問いの数々について、並外れて才能豊かな大勢の学者や学生と一緒に検討している。

本書で向き合うのはそうした奥深い問いの一つ、最重要と言えそうな問いだ――私たちだけなのか？　この問いは昔からさまざまに言い表されてきた。たとえば、地球上の生命は宇宙で唯一の生命なのか？　人類は果てしなく広がる時空において唯一知覚力を持つ知性なのか？　もっとうまく、もっと正確にはたとえばこう言えよう。宇宙ができてこのかた、途方もなく広大な空間のどこかに、知覚力を持つ文明が今ほかにもいて、あるいはかつていて、私たちと同様に星々を探査してその営みの痕跡を残したか？

この最後の問いへの答えが〝イエス〟だという仮説を支持する証拠が二〇一七年に太陽系を通り過ぎていった。私はそう考えている。本書ではその証拠に目を向けてこの仮説を検証し、科学者が超対称性、余剰次元、ダークマターの性質、多宇宙（マルチバース）の可能性に関する臆測を信じているのと同じようにこの仮説を信じるならどういう話になりうるのかを問うていく。

本書ではさらに、ある意味もっと難しいもう一つの問いについても考えていく――私たちには、科学者にも市民にも、備えができているか？　地球上の生命は唯一無二ではなく、もしかするとそう抜きん出た存在でもないという、証拠に裏付けられた仮説に基づく信憑（しんぴょう）性のある結論を受け入れたあとのことに、人類文明は向き合う準備ができているのか？　残念ながらその答えは〝ノー〟であり、支配的な先入観が心配の種である。

＊＊＊

多くの業界の例に漏れず、異例の事態に直面すると、科学界でも流行り廃り(はやりすたり)や守りの姿勢が至るところに顔を出す。守りの姿勢の出どころが称賛に値する直感ということもある。科学的方法は合理的な用心を歓迎しており、われわれ科学者は仮説を立て、証拠を集め、手に入った証拠をもとに仮説を検証し、その結果をふまえて仮説を練りなおしたり証拠をさらに集めたりする。それでも、流行り廃りに左右されて仮説によっては検討意欲が奪われかねないし、出世主義の影響でテーマによって関心や資源が集まったりほかへ移ったりしうる。

大衆文化も足を引っぱってきた。SFの小説や映画において、地球外の知性の描かれ方は本職の科学者の大多数から見てお笑い草ということが多い。異星人は地球の都市を荒廃させたり、人体を乗っ取ったり、何とも遠回しな手段で私たちとコミュニケーションを図ろうとしたりする。善意と悪意のどちらを抱いているにせよ、異星人は往々にして超人的な知識の持ち主であるうえ、時空を操れるほど物理に精通しており、宇宙――マルチバースということも――のどこへでも瞬時に移動できる。彼らはこのテクノロジーを利用して、知覚力を持つ生命が集う(つどう)恒星系や惑星へ、ときには近所のバーへと足しげく通う。私は年を重ねるにつれて、物理法則が当てはまらなくなる場所が二箇所だけあると考えるようになった。特異点とハリウッドだ。

個人的に、物理法則を破るSFは楽しめない。科学は好きだし、フィクションも好きだが、うそ偽りがない場合に限られる。専門家としては、センセーショナルに描かれた異星人の影響を受けた類いの大衆科学文化が気がかりだ。そこでは、議論に値すると証拠がはっきり示している場合にさえ、地球外生命に関する真剣な議論の数々を笑い飛ばすことが容認されている。

今こそこれまで以上にその議論の真っ最中であるべきなのだが。

私たちは宇宙で唯一の知的生命なのか？　その答えは〝ノー〟で、ほかの知的生命は華々しくやって来る。ＳＦの物語は私たちがそう思うように仕向けてきた。科学の物語はこの問いをえてしてすっかり避けて通る。その結果、人類には異星人との遭遇への備えが嘆かわしいほどできていない。エンドロールが終わって映画館を出て夜空を見上げると、頭上に広がる空間は映画で見たのとはまるで違い、ほぼ空っぽで生命などいなさそうだ。だが、見かけは人をだますことがあり、これ以上だまされ続けていては私たちのためにならない。

＊＊＊

第一次大戦後のヨーロッパについての思索をつづった「空ろな人間たち」（『四つの四重奏』岩崎宗治訳、岩波文庫に所収など）のなかで、詩人のＴ・Ｓ・エリオットは、世界は爆発ではなくすすり泣きで終わるだろうと詠んでいる。エリオットが意識していたのは、当時史上最多となる死者を出したあの大戦による荒廃だ。だが、私は若い頃に哲学に熱中していたからか、喚起力に富むエリオットの描写に絶望以上の何かを聞き取っている。私には倫理的な問いかけが聞こえてもくる。

この世界は言うまでもなくいつかは終わる。まず間違いなく爆発とともに。現在およそ四六億歳の太陽は、あと七〇億年ほどで赤色巨星となって膨張し、地球上のあらゆる生命に引導を渡す。議論の余地はないし、倫理の問題でもない。

エリオットの「空ろな人間たち」から私に聞こえてくるのは、科学的に確実な地球の消滅についてではなく、人類文明の――ひょっとすると地球上の生命すべての――定かではない消滅についての倫理的な問いかけだ。

今日（こんにち）、この惑星は破滅に向けて舵を切っている。環境の悪化や気候変動やパンデミック、そして付きまとう核戦争リスクは、私たちが直面している脅威の代表例にすぎない。私たちはみずからの終焉をさまざまな形でお膳立てしてきた。それに伴うのは爆発かもしれないし、すすり泣きかもしれないし、両方かもしれないし、どちらでもないかもしれない。現時点ではあらゆる選択肢が俎上に載っている。

私たちはどの道を選ぶのか？　これがエリオットの詩からの倫理的な問いかけである。

終わり方を詠んだエリオットの隠喩が何かの始まりにも当てはまるとしたら？　「私たちだけなのか？」への答えがその姿を現したのだが、目立たず、はかなく、あいまいに、だったのだとしたら？　それに気づくには私たちが観測と演繹の持てる力を総動員する必要があったのだとしたら？　そして、この問いへの答えが、地球上の生命や人類の文明が終焉を迎えるのか、迎えるとしたらどのように、という問いへの答えの鍵を握っているのだとしたら？

＊＊＊

本書ではこれから、二〇一七年一〇月一九日にまさにその答えが人類に与えられたという仮説を検討していく。そのなかで、この仮説そのものにとどまらず、この仮説が含意している人類へのメッセージ、そこから私たちが学び取れそうな教訓、そうした教訓を活かした場合と活かさなかった場合に考えられるいくつかのシナリオについて真摯に考えていく。

生命の始まりから万物の起源まで、科学上の疑問の答えを追い求めることは、人類による何より高慢な企ての一つと映るかもしれないが、追い求める行為そのものは謙虚な営みだ。人間一人の寿命は何を基準に考えても実に短く、個人の偉業は何世代にもわたる努力の集積としてしか見えてこない。私たちは誰もが先人の肩の上に立っており、その私たちの肩もあとに続く者たちの営みを支える必要がある。それを怠れば、私たちやあとに続く者たちを危険にさらすことになる。

人類が宇宙を理解するのに苦労しているのはこちらの理解力の問題であり、事実や自然法則の問題ではない。そんな私たちの認識にも謙虚さを見て取れる。私は若い頃に哲学者を目指していたので、このことを早くから自覚していた。その後、駆け出しの物理学者としてあらためて思い知り、ある意味偶然になった天体物理学者としていっそう深くそう思うに至っている。私は一〇代の頃、実存主義者に、そして彼らの視線の先に不条理とも思える世界と向き合う個人がいることに、大きな衝撃を受けた。天体物理学者としての私は自分の人生を、というかあらゆる生命を、宇宙の壮大なスケールに照らして意識する。謙虚な目で見ると、哲学も宇宙も私たちはもっとうまくやれるという希望を抱かせるものだ。世界各国による適切な科学協力と本当の意味でのグローバルな視点が求められるにしても、私たちはもっとうまくやれる。

私はもう一つ、人類にはちょっとした後押しが必要なときがあるとも思っている。

地球外生命の証拠が太陽系に現れたら、私たちは気づくだろうか？　地平線のかなたに重力をものともしない宇宙船が大音響とともに現れると予想しているなら、現れ方が違った場合にかすかな物音を聞き逃すリスクがあるのでは？　地球外生命の証拠が、たとえば作動していないか壊れたかしたテクノロジーだったとしたら？　発祥以来一〇億年になる文明のごみに当たる何かとか。

＊＊＊

私がハーバード大学で受け持っている学部一年生向けのゼミで学生に課している思考実験をご紹介しよう。異星人の宇宙船がハーバード・ヤードに着陸した。彼らは自分たちが友好的だとはっきり意思表示したあと、地球人の旅行者と同様、ワイドナー図書館を訪れて入り口前の大階段で写真を撮ったり、ジョン・ハーバード像の足に触れたりした。それが済むと、あの宇宙船に乗って彼らの故郷の惑星まで片道旅行をしないかと誘ってきた。少々リスクがあることは彼らも認める。だが、リスクのない冒険などない。

あなたなら彼らの申し出を受け入れるか？　この旅に出る？

学生はほぼ全員が肯定的な答えを返してくる。ここで内容を一部変える。異星人が友好的なのは同じだが、彼らの故郷の惑星へ帰るのではなく、とあるブラックホールの事象の地平面を越えるつもりだと言う。こちらも間違いなくリスクのある誘いだが、事象の地平面の向こう側に関する理論モデルに自信たっぷりの彼らは行く気満々だ。そして、こちらに行く気があるかを知りたがっている。あなたならこの旅に出るか？

学生はほぼ全員が〝ノー〟と答える。

どちらの旅も片道で、どちらにも未知数とリスクがある。なぜ答えが違ってくるのか？

最もよく聞くのが次のような理由だ。前者の場合なら、自分の体験を地球の友人や家族とスマホで共有できる。信号は地球まで何光年と飛ばなければならないかもしれないが、いつかは届くから。だが、ブラックホールの事象の地平面を越える旅の場合、自撮りも、メッセージも、情報も、驚きに満ちた内容かどうかを問わず絶対に届かない。一方ではフェイスブックやツイッターで〝いいね〟をもらえるかもしれないが、もう一方でそれはありえない。

ここで私は学生に念を押す。ガリレオ・ガリレイが自作の望遠鏡で観測した結果をふまえて主張したように、証拠は承認にかかずらわない。このことは、遠く離れた惑星の証拠についても、ブラックホールの事象の地平面の向こう側に関する証拠についても、あらゆる証拠についても言える。情報の価値はもらえた〝いいね〟の数にではなく、それをもとに私たちが起こす行動にある。

続いて、ハーバード大学の大勢の学部生が〝その答えなら〟と思っていそうなことを問う。私たちは、すなわち人類は、宇宙でいちばん賢いか？　そして、発言の機会を与える前にこう付け加える。空を見上げ、この問いへの答えは私のお気に入りの問いの一つ——私たちだけなのか？——への答えに大きく左右されることを意識しよう。

空の向こうや宇宙のかなたに思いを馳せることは、私たちを謙虚にさせる。宇宙のスケールは時間的にも空間的にも壮大だ。宇宙の観測可能な空間には太陽のような恒星が一〇億×一兆個を下らない数あるし、人の寿命はどれほど運が良くても太陽と比べれば一〇〇万分の一のそのまた一〇〇分の一ほどしかない。そして、謙虚でいることは、宇宙をもっとよく知ろうとする営みの妨げにはならないはずだ。それどころか、大いなる目標を掲げること、思い込みを揺さぶる疑問を投げかけること、そして〝いいね〟の数を稼ぐことではなく証拠を慎重に、徹底して、厳密に追い求めることへと私たちを駆り立てるはずである。

＊＊＊

本書で検討する証拠の大半は、二〇一七年一〇月一九日からの一一日間に集められたものだ。知られている限り初の星間空間からの来客に対し、与えられた観測期間はこれだけだった。この特異な天体については、得られたデータの分析結果をほかの観測結果と考え合わせていろいろな推定がなされている。一一日とはたいした日数に思えず、もっと証拠を集められていたらと願わない科学者はいないが、それでも大量のデータが得られており、さまざまな事柄を推定できるので、本書ではそれぞれ詳しくご紹介しよう。ここで、データを検証した誰もが同意する結論が一つある。この来客がこれまで調べられてきたほかのどの天体と比べても奇想天外だったことだ。そして、観測されたこの天体固有の特徴を漏れなく説明しようと提唱されている仮説もやはり従来の説と比べて奇想天外である。

観測された特異な特徴の数々に対する最も簡潔な説明として、私は〝この天体は地球外の知的文明によってつくられた〟と唱えている。

もちろん仮説だが、徹底して科学的な仮説だ。とはいえ、ここから導かれうる結論は、そしてこの結論をふまえて私たちが取りうる行動も、科学の枠には収まらない。というのも、人類が答えを探し求めてきた深遠な問い、宗教や哲学や科学的方法の目を通して眺められてきた問いのいくつかを、私の単純な仮説が明るみに出すからだ。そうした問いは、人類の文明や宇宙に存在する生命にとって、要はあらゆる生命にとって、何かしらの重要性があることすべてに関わっている。

透明性に配慮してお伝えしておくが、私の仮説を〝流行らない〟、〝科学の主流から外れている〟、さらには〝発想に深刻な難あり〟と考える科学者がいる。だが、私たちが犯しうる最悪の過ちは、この可能性に対する取り組みに真剣味が足りないことだと私は考える。

説明させてもらいたい。

1 斥候（せっこう）

知られざる来客

私たちがその存在を知るずいぶん前から、かの天体は地球から二五光年しか離れていない恒星ベガの方角からこちらへ向かっていた。そして二〇一七年九月六日、太陽系の全惑星が太陽の周りを回っている公転軌道面を横切った。だが、その極端な双曲線軌道から、訪ねてきただけでとどまるつもりがないのは確実だった。

二〇一七年九月九日、くだんの来客は近日点、すなわちその軌道が太陽に最も近づく位置に達した。そして、太陽系からの脱出を始めた。その遠ざかる速度は、太陽の移動速度である時速八万六四〇〇キロに対して、太陽の重力から逃れるのに十分すぎるほどだった。金星の軌道距離を九月二九日頃に、地球の軌道距離を一〇月七日頃にそれぞれ通過し、あっという間にペガスス座の方角へ、その先の漆黒へと向かっていった。

こうして星間空間へと戻っていくあいだも、人類はまだその来訪に気づいていなかった。来たことを知らなかったので、名前も付けていなかった。誰かないし何かが名前を付けていたのだとしても、私たちはそれがいったい何なのかを知らなかったし、今もって知らない。

地球上の天文学者が、すれ違ったあとにようやくこの去りゆく来客に目を留めた。私たちはこの天体に公式名称をいくつか授けたが、最終的に1I／2017　U1に落ち着いた。だが、地球の科学界や一般市民は、この天体を、「オウムアムア」というシンプルな呼び名、その発見に用いられた望遠鏡の設置場所をふまえたハワイ語の名称で知ることとなった。

「オウムアムア（斥候）」という名前

ハワイ諸島は太平洋に浮かぶ宝石として世界中の観光客を引きつけている。だが、天文学者にとってはほかにも魅力がある。最先端テクノロジーの証と言える世界最高レベルの天体望遠鏡が何基もあるのだ。

ハワイにある最新望遠鏡の一つが、パンスターーズ（Ｐａｎ‐ＳＴＡＲＲＳ、Panoramic Survey Telescope and Rapid Response System〔「広視野サーベイ望遠鏡および早期対応システム」の意〕）計画の望遠鏡と高解像度カメラからなるネットワークで、マウイ島ほぼ全体を形作る休火山、ハレアカラの山頂に建設された天文台に設置されている。そのうちの一基、パンスタ

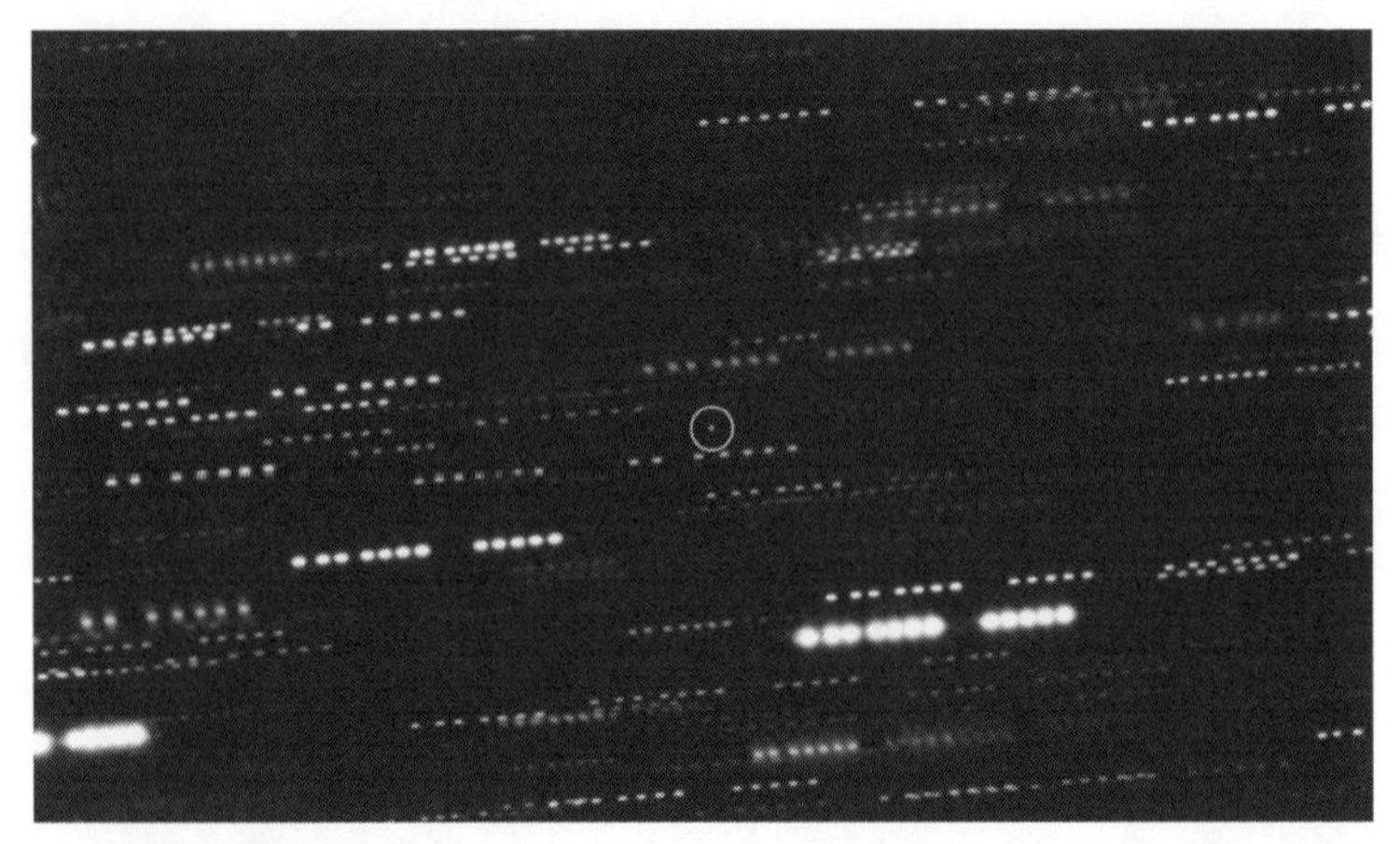

初の恒星間天体オウムアムア（図中の円内）を不明な点光源として画面中央に据えた合成望遠鏡画像。撮影はオウムアムアの動きに追従して行われており、周囲の暗い恒星の光跡が点にばらけている。ESO/K. Meech et al.

ーズ1には解像度が世界最高のカメラが搭載されており、運用開始以来、システム全体として、太陽系で見つかっている地球近傍の彗星と小惑星の大半を発見してきた。だが、パンスターズにはほかにも唯一無二の成果がある。オウムアムアの存在を私たちに最初に教えたデータの収集だ。

一〇月一九日、ハレアカラ天文台の天文学者ロバート・ウェリクが、パンスターズの望遠鏡で集められたデータからオウムアムアを発見した。画像に写っていた光の点は、太陽の重力に束縛されない速さで天空を横切っていた。この手掛かりからすぐさま、天文学界はウェリクが発見したのは太陽系で観測された初の恒星間天体だという見解で一致した。だが、私たちが名前を付けた頃、かの天体は地球から三二〇〇万キロ以上離れたところ、月までの八五倍ほどのあたりにいたうえ、急速に遠ざかりつつあった。

　かの天体は近所によそ者としてやって来たが、それどころではない何者かとして出ていった。そして、私たちが呼び名を授けたあと、答えの出ない問いをいくつも残していったので、科学者がこぞって精査に乗り出し、世界中の市民が想像力を大いにかきたてられることとなった。ハワイ語のオウムアムア（ʻoumuamua）は大ざっぱに「斥候」や「偵察兵」などと訳される。国際天文学連合（ＩＡＵ）は、この天体の公式名称の発表に際して、「遠方からの初めての使者[1]」というやや違う定義をしていた。いずれにしても、この呼び名はかの天体がこれから来るほかの誰かの先陣だと明言している。

特異な特徴

しばらくすると、メディアがオウムアムアを「奇妙な」、「謎めいた」、「不可思議な」などと形容しだした。何と比べて？　手短に言うと、これまで発見されてきたその他すべての彗星や小惑星とだ。

　それどころか、科学者はオウムアムアが彗星だとも小惑星だとも言い切れていなかった。比較の対象がなかったからではない。宇宙空間を飛び交う乾いた岩である小惑星は毎年何千と発見されているし、太陽系に存在する氷の彗星の数は私たちの装置で数えられる以上ある。星間からの来客は、小惑星や彗星よりもはるかにまれだ。なにしろ、オウムアムアが発見されるまで、私たちは太陽系外を起源とする天体が太陽系を通過するところを目撃したことがなかった。

それはすぐに唯一の目撃ではなくなった。オウムアムアの発見からしばらくして、恒星間天体がほかにも見つかったのだ。ゆくゆくはさらに多くが、ヴェラ・ルービン天文台による時空間レガシーサーベイ（LSST, Legacy Survey of Space and Time）が始まればいっそう数多く見つかるだろう。見方によっては、私たちは目撃できるようになる前からこうした来客を予期するようになったと言える。地球の公転軌道面を通過する恒星間天体は、統計的に見て、太陽系内を起源とする天体に比べてその数こそ桁違いに少ないが、存在そのものは珍しくない。簡単に言うと、太陽系がまれな恒星間天体の来訪を受けることがあるというのは驚きだが、そのこと自体に不思議はない。当初、オウムアムアに関する明らかな事実が請け合っていたのは驚きだけだった。オウムアムアの発見がハワイ大学天文学研究所から二〇一七年一〇月二六日に発表されると、収集された最も初歩的なデータを世界中の科学者が確認し、オウムアムアの軌道、移動速度、だいたいの大きさ（差し渡し四〇〇メートルもない）といった基本的な事実の大半について見解の一致に至った。太陽系外に起源を持つことを除けば、当初判明したこうした詳細にとりたてて変わったところはなかった。

だがまもなく、蓄積されたデータを精査していた科学者たちからオウムアムアの特異な特徴が指摘され始め、〝かの天体は恒星間由来だが並の彗星ないし小惑星〟という前提に疑念が抱かれた。実際、発見からまだ数週間という二〇一七年一一月中旬、新発見の天体に符号と名前を付けるIAUが、オウムアムアの正式名称に最後となる三度目の変更を行っている。当初はC/2017 U1と呼んでいた（Cはcomet〔彗星〕の頭文字）。次に、A/2017 U1とした（Aはasteroid〔小惑星〕の頭文字）。そして最後に、1I/2017 U1と呼ぶことにした（Iはinterstellar〔恒星間〕の頭文字）。この段階で、オウムアムアが星間空間からやって来たことは誰もが同意する数少ない事柄の一つとなった。〔1Iの1は恒星間天体の1例目であること、U1のUは発見時期が10月後半であること、U1の1は発見順がその期間中の1番目であることを示している〕

知的生命が送り出した？

科学者は証拠の導くほうへ向かうべし、と古い格言は言う。証拠に従うことは謙虚な姿勢であり、謙虚な姿勢で臨めばその目や判断を曇らせかねない先入観にとらわれずに済む。人間の〝大人〟についても同じようなことが言えよう。その定義としてたとえば「自分のモデルが現実を予測するうえで高い成功率を示すほど経験を重ねた段階」は悪くなさそうだ。幼い子どもも相手にこうは説明しないかもしれないが、この定義にはそれなりの良さがあると私は思っている。

現実問題としてはこういう意味だ。すなわち、失敗を許容せよ。偏見を手放せ。「オッカムの剃刀（かみそり）〔不要な概念を切り落とすという意味の比喩〕」を使い、最も単純な説明を探せ。そして、うまくいかないモデルは潔くあきらめろ。事実や自然法則の把握が不完全なせいで必然的につまずくモデルもある。

宇宙に生命がいることは間違いない。私たちがその証だ。つまり、宇宙に存在している——あるいはしていた——かもしれないほかの知的生命の行動や意図を考えるうえで、人類はときに刺激的でときにシビアな非常に興味深いデータを大量に提供している。人類は、知覚力を持つ生命として私たちが掘り下げて研究してきた唯一の実例であり、私たちはこの宇宙にかつて存在した、現存する、あるいはこれから出現するかもしれない知覚力を持つほかの生命について、その振る舞いを探るための手掛かりを数多く手にしている可能性が非常に高い。

物理学者としての私は、私たちの存在を支配している物理法則をこの小さな惑星の至る所で目にして胸を打たれる。宇宙を眺めているときの私は宇宙の秩序に、私たちがこの地球で発見した自然法則が宇宙の隅々でも成り立っているらしいという事実に、畏敬の念を覚える。オウムアムアがやって来るずいぶん前から、私は長らく次のように思っていた。自然法則がこうしてあまねく成り立っているということは、知的生命がどこかほかにもいるなら、なかには同じ法則に気づいて証拠が導く先へと喜んで進む個体がほぼ間違いなくいるだろう。わくわくしながら仮説を立て、データを集めて検証し、正確さに磨きをかけて再び検証する個体が。そして、やがて人類とまさに同じように探査を始めるに違いない。

私たちの文明は星間空間へ人工物を五つ送り出してきた。ボイジャー1号と2号、パイオニア10号と11号、そしてニューホライズンズである。この事実だけでも、私たちがはるかかなたへ打って出る可能性を無限に秘めていることがわかろうというものだ。私たちの遠い祖先も同じだった。人類は違う暮らしを求め、より良い暮らしを求め、あるいは探し求めるという行為そのものを目的として、何千年、何万年とかけてこの惑星の最果てまで旅したが、何に出くわすことになるのか、あとで戻ってくるかどうかについては、今の私たちが愕然とするほど不確かなことが多かった。人類の抱く確かさの度合いは時代を下るにつれて著しく高まり、一九六九年には宇宙飛行士が月まで行って戻ってくるほどになったが、そうした企ての危うさに変わりはない。飛行士の安全を守ったのは、厚みが紙一枚ほどだった月着陸船の壁面ではない。その設計を支えた科学技術である。

それに、どこか星々の合間で文明がほかにも発展していたなら、探検したい、新たな何かを求めて慣れ親しんだ地平の向こうへあえて行ってみたい、という衝動にやはり駆られたのではなかろうか。実際そうであっても、人類がどうしたかを思えばまったく驚きはない。それどころか、もしかすると宇宙空間の果てしない広がりにすっかりなじみ、私たちが世界各地を行き交っているのとまさに同じように旅していたかもしれない。私たちの祖先が遠征や探検と称していたことを、今の私たちが休暇でやっているように。

二〇一七年七月、私は妻のオフリットと二人の娘クリルとロテムを伴って、ハワイにある見事な望遠鏡の数々を見て回った。ハーバード大学天文学科長として、ハワイ島での講演に招待されたときのことだった。講演の目的は天文学の面白さを市民に伝えることで、聴衆には休火山マウナケアの山頂に大望遠鏡をこれ以上建設することに反対している住民も含まれていた。私は喜んで招待に応じ、この機を活かして、最新の望遠鏡を擁するマウイ島など、ほかの島々も訪れた。

講演では、宇宙のハビタビリティー（生命居住可能性）と、向こう数十年で地球外生命の証拠が発見される可能性を取り上げた。もし本当に発見されれば、私たちは特別な存在ではないと認めざるをえなくなる。私の講演を報じた地元紙の見出しが、それを見事にこうまとめていた。「謙虚たれ、地球人」

あの講演の時期は、地球人にとって未知だったオウムアムアが火星の軌道面を通過するまでひと月もない頃、場所は今回の旅行で訪れた望遠鏡の一基、装置テクノロジーの粋（すい）を集めたパンスターズ1からわずか数十キロのところだった。その三カ月後、パンスターズで集められたデータがオウムアムアの発見につながることになる。

発見を導いたパンスターズ計画

パンスターズ計画の望遠鏡一号基であるパンスターズ1の運用は二〇〇八年に開始された。

ハレアカラ山頂には、その五〇年前の一九五八年に別の望遠鏡が設置されていたが、星の研究用ではなかった。アメリカはソ連の人工衛星に恐怖心をあおられており、その追尾機能の確保が目的だったのだ。一方、パンスターズ計画の目的は地球に衝突するおそれのある彗星や小惑星の発見である。それゆえ、同計画では二〇〇八年以降も機能強化を継続しており、パンスターズ2の本運用が二〇一四年に始まるなど、望遠鏡の増設も進めてきた。パンスターズと総称される望遠鏡群は、天空の地図をつくりながら、彗星や小惑星や爆発中の恒星などを次々と発見している。

手短にまとめると、かつて冷戦がきっかけで複雑な最新技術を擁する天文台の建設が始まり、その何十年かのちにひんやりとして澄み切った空気のなか、休火山の山頂で最高性能の装置が連携して、上空を通過したオウムアムアをパンスターズ2の運用開始からわずか数年後に発見できたわけである。

話がそれだけで完結する偶然や巡り合わせに感心するのはたやすい。だが、偶然や巡り合わせはときに誤解を招く。なにしろ、人類はその歴史の大半を通じ、原因のわからない事象の説明には神や宗教を持ち出してつじつまを合わせてきた。だが私としては、人類は文明がまだ幼少期や思春期のうちから経験を十分重ねてきており、モデルによる現実の予測の成功率はどんどん高まっていた、と思いたい。人類は有史以来ゆっくりと時間をかけて大人の段階に達しつつある、という言い方もできるかもしれない。

人生において、たいていの出来事は複数の要因が重なって起こっている。このことは、目の前に置かれたボウルのスープを飲むという日常的な例でも、それこそ万物の起源のような極端な例でも、あるいは紹介がきっかけの結婚から生まれた二人の娘がハワイでの休暇を待ち焦がれるという個人的な例から、あの年の一〇月の一一日間に人類の望遠鏡が太陽系外に起源を持つ天体を目撃する――非常に現実的な――可能性という世界的な例に至るまで、多々当てはまる。

レキシントンの森で考えたこと

休暇を終えた私たち家族は、ボストン郊外のマサチューセッツ州レキシントンに立つ築一〇〇年のわが家へ帰った。ここは私が育ったイスラエルの農場といろいろな面で大きく違うが、私の自然愛を、共に生きて育つ何かの只中にいたいという私の欲求を満たしていることには変わりない。

近所の森を散策していたある日の夕暮れ、私は森の大木がわが家の裏庭に倒れ込むところを目撃した。裂けるような音がしたので目を向けると、木が折れて倒れていった。幹は中空だった。大部分が死んで何年も経っており、あの日あの時、風に耐えきれなくなったのだ。私はたまたまその場に居合わせて最期を、因果の連鎖の終わりを目にしたわけだが、この連鎖に対して私は無力だった。

だが、もっと望みのある状況では行動が違いを生むことがある。一〇年ほど前、一家でレキシントンに越してきたばかりの頃、庭に枝の折れた若木があった。地元の庭師からは、折れたも同然なので切ったらどうかと言われていた。だがよく見ると、枝は幹と生きた繊維でまだつながっていた。そこで、枝を絶縁テープでつなぐことにした。あのテープを私たちの目線の高さに残したまま、その枝は今や空へ向かってはるか頭上まで伸びている。木は母屋の近くにあって窓から見える。私はその木を指さしては、ささやかな行動も驚くべき結果をもたらしうるのだと娘たちに繰り返し言い聞かせている。

非常に大事な意思決定は、考えられる成り行きのなかでも楽観的な見込みに基づきなされることもある。母屋のそばの木の枝を処置した頃、それは私にとって教義の一つだったばかりか、繰り返し体験していたことでもあった。

2 農園

少年の日の教訓

幼い頃の思い出を一つ。小学一年の登校初日、私は学校に少し遅れて着いた。教室に入ってみると、みんなそこらじゅうを走り回るわ、椅子の上や机の上にまでのぼって跳びはねるわで、ハチの巣をつついたような大騒ぎになっていた。

この様子を見た私の心に湧いてきたのは好奇心だった。そして同級生たちを眺めながら考えた。自分もこの輪に加わるべきか？　あのように振る舞うことに意味があるか？　みんなはなぜそうしているのか？　自分もそうする理由はあるか？　私は扉の脇にしばらく立って、こうした問いに自分なりの答えを出そうとした。

そのあとすぐ先生が入ってきた。先生は不満げどころではなかった。なにしろ、このありさまは先生の望む新学期の始まり方とはほど遠い。威厳を示して子どもたちをおとなしくさせるに当たり、先生は物事を正す機会を私に見いだして、「ほら、アヴィはお行儀いい」とクラスに声をかけた。「みんなアヴィを見習って」

だが、私が騒がなかったのはお行儀の良さの現れではなかった。正しい行いは先生が来るのをおとなしく待つこと、という結論に達していたわけではなかったのだ。あの大騒ぎに加わる意味があるかどうか、はかりかねていただけである。

先生にそう言いたかったのに言わなかったことが、今にして思えば心残りだ。同級生たちが私の振る舞いから学んだかもしれない教訓、ゆくゆく私も学び、以来、学生たちに教えようとしている教訓があったのだから。大勢（たいせい）に従え、あるいは流されるなといった話ではない。行動を起こす前に時間を取って状況を把握すべし、である。

よく考えてみると、この教訓には不確かさの自覚という形で謙虚さが見られる。これも私が人生に対する姿勢の一つとして自分で身に付けようと、ハーバード大学の学生に育（はぐく）もうと、うちの娘たちに植え付けようとしてきたことだ。そもそも、両親が私に植え付けようとしたことだった。

イスラエルでの子ども時代

私はイスラエルのベイトハナンにある家族経営の農場で生まれ育った。テルアビブの二十数キロほど南に位置するベイトハナンは一九二九年に建設された農村で、人口はじきに一七八人にまで増えたが、二〇一八年現在、その数は五四八人にとどまっている。私が子どもだった頃、村には果樹園と温室が多く、そこでさまざまな果物、野菜、花が栽培されていた。ベイトハナンはモシャブと呼ばれる特別な類いの村でもあった。共同体として土地を耕作するキブツと違って、モシャブは自分の土地を持つ農家の集まりである。

うちの農場は広いペカン農園で知られており、父はイスラエルのペカン産業をリードしていたが、オレンジやグレープフルーツも栽培していた。高々と伸びるペカンの木が三〇メートル以上になることもあるのに対し、果実が熟すとつんとする特有の香りを漂わせる柑橘(かんきつ)系の樹木は三メートルほどにしかならず、私には登りやすかった。

果樹の栽培や必要な機械類の保守を専業としていた父ダヴィドは、困りごとをなんとかする達人だった。父の記憶の大半が物と結び付いているほどだ。父が手入れをしていたトラクター、面倒を見ていた果樹園の木々、家や農園のあちこちで修理していた農機具。なかでもよく覚えているのが、一九六九年の夏に父が母屋の屋根にのぼったときの様子だ。アポロ11号の月面着陸の中継を確実に見られるようにするためだった。

父がどれほど多才でも、こなさなければならない仕事がいろいろあって、二人の姉と私は農場の日課をいくつも手伝わなければならなかった。うちではニワトリを飼っていたので、私は幼い頃から、昼は毎日卵を集め、夜は小屋から逃げたひよこを懐中電灯片手によく追いかけたものである。

私が子ども時代を過ごした一九六〇年代と一九七〇年代のイスラエルは危険な地域だった。第二次世界大戦が終わるとユダヤ人難民で人口が増え、二〇〇万だったのが三〇〇万を少し超えるまでになった。その多くがヨーロッパからで、ホロコーストの余韻が消えることはなかった。そのうえ、中東のアラブ諸国がイスラエルに敵愾（てきがい）心を燃やしていたし、イスラエルも一歩も引かない構えでいた。紛争が次々と起こり、一九五六年のシナイ戦争〔第二次中東戦争のイスラエル側の呼び名〕、一九六七年の六日間戦争〔同じく第三次中東戦争のこと〕、一九七三年のヨム・キプール戦争〔同じく第四次中東戦争のこと。「ヨム・キプール」はユダヤ教の贖罪の日〕と続いた。当時まだ建国二、三十年だったイスラエルは近代史と古代史の影響を色濃く受けており、その頃のイスラエル人は――今と同様――自国の存続はみずからの選択の成り行きをよく考えるかどうかにかかっていることを自覚していた。

イスラエルは美しい国でもあり、ベイトハナンとうちの農園は生まれ育つ環境として申し分なかった。この自由な雰囲気はその頃書いた文章にインスピレーションを与えており、私はそれを集めて机の最上段の引き出しにしまっていた。実を言えば長じてからほとんどのあいだ、〝おのれの自由な考え方のせいで面倒に巻き込まれても、子ども時代を過ごしたこの農園にいつでも帰れるし、喜んで帰る〟と思うと元気が出た。

世間では、人生は訪れる場所の集積だと思われている。だがそれは幻想だ。人生は出来事の集積、出来事は選択の結果、その選択もすべて自分でできるわけではない。

人生は言うまでもなくつながっている。私が営んでいる科学は私の子ども時代とじかにつながっている。世間知らずだった当時の私は、人生の大問題についてあれこれ考え、自然美を愛で、ベイトハナンの果樹園や村人たちのなかで自分の地位や立場を気にせず生きていた。

好奇心は母譲り

私がベイトハナンで生まれ育つに至った因果の連鎖は、祖父アルベルト（私のヘブライ語名は祖父にちなんだもの）が下したナチスドイツから逃げるという決断から始まったと言っていい。世の中を見る目が抜きん出ていた祖父は、社会の大きな変動を予見した。事態が急速に動いてユダヤ人の選択肢がこれまでになく狭まり、適切な道を選ばないと大変な状況に陥るリスクがかつてないほど高まる、と見抜いた。

祖父にとって、ひいては私にとって幸いなことに、祖父は正しい選択をした。一九三六年にドイツを離れ、建設まもないベイトハナンへ移住したのだ。開拓はまだほとんど進んでいなかったうえ、世界と同様に戦争の風が吹き始めてはいたが、比較的安全ではあった。祖父が来てまもなく、祖母のローザと二人の息子が合流した。その一人が父で、当時一一歳だった。父はドイツ社会からユダヤ社会に移るとき、名前をゲオルクからダヴィドに変えさせられた。

母のサラも遠方からベイトハナンへ来たくちだった。母はブルガリアの首都ソフィアから東へ二〇〇キロほどのハスコヴォで生まれ育った。母をドイツではなくブルガリアの国民にしていた地理的偶然のおかげで、母とその家族は戦争から守られた。ブルガリアはナチ政権と同盟関係にあったが主権を維持しており、国内のユダヤ人をドイツへ強制移送せよというアドルフ・ヒトラーのたび重なる要求にある程度は抗（あらが）えた。死の収容所のうわさが広まり、ブルガリア正教会が強制移送に抗議したことから、ブルガリア王は意を決してドイツからの要求を拒んだ。ちなみに、ブルガリアは自国の労働力としてユダヤ人を必要としている、というのが断る口実だったのだが、とにかく王は国内にいたユダヤ人の多くをなんとか保護しおおせた。母はおかげで子ども時代を比較的普通に送ることができ、フランス系の修道院学校で学んだのち、ソフィアの大学に進学した。だが一九四八年、戦後ヨーロッパの荒廃とソ連の西進を理由に大学をやめ、建国されたばかりのイスラエルに両親とともに移住した。

ベイトハナンを最初に建設したのはブルガリア移民だったので、母の一家がここに落ち着いたことに驚きはない。だが、この農村はそれまでいた国際都市や大学教育とは別世界だった。とはいえ、新たな故郷にもそれなりの魅力はあった。移ってきてまもなく、母は父と出会った。二人は恋に落ち、結婚し、三人の子どもをもうけた。それが二人の姉シシャーナ（ショシ）、アリエラ（レリ）そして、一九六二年生まれの私である。

この頃の母は、家族やコミュニティーに奉仕していた。村ではパン焼き名人として知られ、私のワードローブがセーター編みの才能を証明していた。だが、わりと辺鄙（へんぴ）なベイトハナンにあってもなお、母は精神生活をおろそかにしなかった。学術的な関心を失わなかったのはもちろん、持てる知性をこの世で活かしたいと望んでもいた。そのうえ誠実だったことから、その偏りのない判断は、助言を求めてうちの農園を訪ねてくる人から村の指導者まで、母を知る誰からも信頼されていた。そうした恩恵を私は日々直接受けていた。私の人生の進路、選択や関心をいかに大事に思っているか、母は態度ではっきり示した。植物に水をやり肥料を施す庭師よろしく献身的に、そして周到に、母は三人の子どもたちの好奇心を育んだ。

母はみずからの好奇心にも従った。私がティーンエイジャーだった頃には、大学に戻って学士号を取ると、そのまま大学院へ進み、比較文学で博士号を取った。勉学のために家族を離れたわけではない。それどころか、私は母に促されて学部の哲学の講義を聴講したし、母からしきりに勧められて母の課題図書の多くを苦労しながら読破した。

母の影響で私は哲学に、なかでも実存主義にのめり込んだ。私は思索で生計を立てるという夢を抱いた。週末になると哲学書を何冊か選び（実存主義者の著作を中心に、彼らが書いた小説や彼らの影響を受けた小説も含まれていた）、それを持ってわが家のトラクターで丘の上の静かな場所へ行っては、何時間も読みふけったものだった。

ハビタブル惑星と入植地の共通点

うちの農場でこうした穏やかな日々を送っていた頃から思っていたことだが、人類文明の入植地となるハビタブル惑星が本当に見つかったとすると、入植者の様子や振る舞いはベイトハナンの村人とかなり似たものになるだろう。人類史が繰り返し示しているように、文明はすぐさま入植地への定住を求める。

入植者は必要に迫られ、食糧生産に心血を注ぐとともに、老いも若きも力を合わせて助け合うことを重視するだろう。各人は機械の製作や修理から、穀物の栽培、年少者の教育まで、臨機応変に何でもこなさなければならない。また、辺境の地にあっても精神生活は忘れないだろう。加えて、年少者が長じると、私の場合と同じことが求められると想像される。社会への義務的奉仕だ。

イスラエルには一八歳になった市民を対象とする徴兵制度がある。哲学者になって人類が長らく格闘してきた根本的な問いのいくつかに取り組む、という私の計画は延期となった。私は高校で物理の成績が良かったことから、毎年二十数名の新兵が防衛関連の研究に携わりながら厳しい軍事訓練も受けるという新プログラム、「タルピオット」の一員に選ばれた。そのため、学問上の野心は脇に置く必要があった。それまで読みふけってきた実存主義の哲学者、ジャン＝ポール・サルトルとアルベール・カミュについて学ぶことは、私に与えられた新たな役割にはそぐわなかった。この時期、知的創造活動と言えるものに最も近かったのは、物理学の勉強に集中することだった。

タルピオットはイスラエル空軍の制服を着用したが、陸海空三軍すべての訓練を受けた。基本的な歩兵訓練はもとより、砲兵や工兵の戦闘訓練を受けたし、戦車の操縦法、夜行軍での機関銃の担ぎ方、航空機からのパラシュート降下も教わった。幸い、身体は丈夫だったので、肉体的にきつかったが耐えられた。そしてこうした訓練のかたわら、エルサレムにあるヘブライ大学で勉学にいそしんだ。

タルピオットには物理学と数学の履修が義務づけられていたが、どちらも十分哲学的だったうえ、大学で学ぶことは何でも、ライフルを背にぬかるみを苦労して進むことよりもはるかに刺激的だった。私はこの機を捉え、政府が私をタルピオットに選んで正解だったと証明しようと、できる限りの努力をした。哲学は根源的な問いを投げかけるが答えを出せないことが多い、と気づきだしたのもこの頃だ。科学の世界に身を置いたほうが答えを追究するのに有利かもしれないと思い始めていた。

軍事研究からプラズマ物理学の道へ

私は三年の勉学と軍事訓練を終えたあと、実用化にすぐつながるような産業または軍事プロジェクトに携わることになっていた。だが、さらに創造的な道を、知的にも研究課題としてもやりがいがもっと大きな道を模索し、研究施設の公式リストに載っていない施設を訪ねて、既存の枠にとらわれない研究を提案した。その頃の私は座学と軍事訓練のどちらでも実績を残していたので、提案はタルピオットの担当将校たちに承認され、まずは試験的に三カ月、最終的には兵役義務の残り期間だった一九八三〜一九八八年の五年間、それに取り組んだ。

　私の研究はすぐさま新たな方向へと発展し、そのうちいくつかは軍の関心を大いに引いた。私は科学的イノベーションの興奮を味わいながら、推進体の推進に放電を使って従来の化学推進剤の場合よりも速度を速める、という新たな技法（のちに特許になった）の理論を発展させた。このプロジェクトは二十数名の科学者からなる一部門を総動員するまでになり、米国の戦略防衛構想（ＳＤＩ）から資金供与を受けた初の国際研究となった。ＳＤＩはロナルド・レーガン大統領が一九八三年に発表した野心的なミサイル防衛計画で、「スターウォーズ計画」とも呼ばれていた。

　当時は米国とソ連、民主主義と共産主義、西側と東側のあいだで何十年と続いていた対立である「冷戦」が国際情勢の不変の構造だと思われていた。両陣営とも、相手を何度でもすっかり壊滅させられるほど大量の核兵器を保有していた。『原子力科学者会報』の編集委員が人為的な破滅の可能性を人類に警告しようと考え出した「終末時計」は、ほぼいつでも午前零時の七分前あたりを指していた。

　ＳＤＩはこの世界規模の対立の一部であり、レーザーなどの最先端の兵器を用いて、米国本土に接近してくる敵の弾道弾を破壊することを目指していた。一九九三年に打ち切られたが、冷戦終結とソ連崩壊の早期化に大きな政治的影響を及ぼした。

　あの研究成果は私の博士論文の骨子にもなり、私は二四歳で博士号を取得した。内容はプラズマ物理学に分類される。プラズマは、物質の基本的な四態〔固体、液体、気体、プラズマ〕のうち宇宙で最もよく見られる状態で、恒星、稲妻、ある種のテレビ画面などに存在している

（ご参考までに、博士論文のタイトルは「プラズマ内での電磁相互作用による、高エネルギーへの粒子加速およびコヒーレント放射の増幅」で、本書のタイトルと比べるとまるで興味が湧かないに違いない）。

ダイソンそしてバーコールとの出会い

博士号は手にしたが、次の選択がどうあるべきか、あるいはどうなるかは不確かだった。私はプラズマ物理学に骨を埋(うず)めたわけではなかったし、ベイトハナンに戻るという魅力的な選択肢がいつでもあった。それに、進路を大胆に変えて哲学に戻りたいという思いも強かった。だが、自分ではその一部しかしていない選択の連鎖によって、私はこのどれとも違う道に乗せられた。

連鎖の始まりは兵役中、バスに乗っていたときのこと、隣に座っていた物理学者のアリエ・ジグラーが、院生が研究するのに最高の場所はニュージャージー州プリンストンにある高等研究所（ＩＡＳ）だという話をたまたましたことだ。後日、ＳＤＩの高官との何度目かの会合で首都ワシントンＤＣを訪れたあと、テキサス大学オースティン校で開催されたプラズマ物理学の学会に出席した際、私は偶然、「プラズマ物理学の法王」ことマーシャル・ローゼンブルースと居合わせた。ローゼンブルースがかつて高等研究所に在籍していたことを知っていたので、私は詳細を尋ねた。ローゼンブルースは、帰りにプリンストンに立ち寄るという私のアイデアにすぐさま賛成した。その気になった私は、ＩＡＳの総務責任者だったミシェル・セイジにさっそく電話をかけ、翌週に訪問していいかと尋ねた。すると、「誰でも受け入れているわけではありません。研究業績をお送りください。お越しいただけるかお知らせします」と言われた。

私はめげずに一一篇の論文のリストを郵送し、数日後にもう一度電話した。すると今度は、私の米国滞在の終わり頃に訪問の予定を入れてもらえた。約束の日の朝一番に彼女のオフィスを訪ねると、こう言われた。「今日、時間の取れる教職員は一人だけ、フリーマン・ダイソンです。お引き合わせしましょう」

私はわくわくした。ダイソンの名は量子電磁力学の教科書で知っていた。彼のオフィスで顔を合わせるとすぐ、ダイソンがこんなことを言った。「そうか、イスラエルから来たのか。ジョン・バーコールのことは知ってるか？　彼はイスラエル人が大好きなんだ」。私の顔に好奇心を見て取れたからに違いない。ダイソンはこう続けた。「奥さんのネータがイスラエル人なんだよ」。奥さんの名前どころか、ジョン・バーコールという名前からして初耳だと、私は正直に告白した。

天体物理学者だというジョン・バーコールと、私はまもなく昼食を共にした。そして別れ際に、またプリンストンに来て今度は一カ月滞在できるよう、彼が私を招いてくれることになった。あとで知った話だが、私が戻ってくるまでのあいだ、彼は国際的な情報収集にいそしみ、ユヴァル・ネーマンをはじめとするイスラエルの著名な科学者に私の評価を訊いてまわっていた。そのとき何を言われていたにせよ、二度目の滞在の終わりにバーコールは私をオフィスに呼ぶと、任期五年の特別研究員にならないかと誘った——ただし、天体物理学への鞍替えが条件だった。

私はもちろん〝イエス〟と答えた。

天体物理学への鞍替え

職業人生を天体物理学に捧げるよう初めて促されたとき、私は太陽が輝く仕組みさえ知らなかった。バーコールの専門が、相互作用の弱い素粒子であるニュートリノが高温の太陽内部〔プラズマ状態になっている〕で生成されるプロセスだったことから、自分が何も知らなくていっそう決まり悪かった。私のそれまでの関心事は太陽プラズマではなく地球でのプラズマ、そしてその地球での応用だった。

念のため申し上げておくが、バーコールは私のそれまでの研究内容を承知していた。にもかかわらず、あのような申し出をしてくれたのだ。彼があのリスクを取ったことは並大抵のことではないと私は当時から感じていたし、今ではその感がいっそう強い（学界を取り巻く状況はその後変わり、現状では若い研究者をこうして誘えるとは思えない）。私は実にありがたく思ったし、今もそう思っている。この申し出を受けたからには、バーコール——とこの道へ進むのを後押ししてくれた著名な科学者全員――の直感が正しかったことを証明しようと心に誓った。

天体物理学の基本的な語彙を学んで、原著論文を書けるようになる必要があったが、プラズマのことはわかっていた。プラズマとは、物質が高温になって原子が壊れ、正電荷のイオン（電子を一部失った原子）と負電荷の自由電子の海になった状態である。今の宇宙（恒星内部を含む）に存在する通常物質はほとんどがプラズマ状態にあるが、プラズマ物理学で注目するのは、宇宙空間とは大きく異なる実験室での条件の場合だ。自分の強みを活かしながら天体物理学者として切り開く最初の研究フロンティアの中心に、私は宇宙の原子物質がプラズマになった時期と仕組みを据えた。こうして私は初期の宇宙、いわゆる〝宇宙の夜明け〟、ないし星というものが形成された条件に興味を抱きだした。

ＩＡＳに来て三年が経った頃、私は若手教員職への応募を勧められた。応募した一つがハーバード大学天文学科の職で、私は候補者として二番手だった。同学科は若手教員に終身在職権をめったに与えなかったことから、この職に就くことをためらう候補者もいて、このときの一番手もそうだった。

私はというと、採用の申し出を喜んで受けた。自分が当時何をどう考えて決めたか、とてもよく覚えている。終身在職権がもらえなかったら、父の農場に戻るか、最初に熱中した哲学に戻ればいいと考えていたのだ。

私は一九九三年にハーバード大学に移った。そして三年後に終身在職権を得た。

天文学を通して哲学の問いに答える

このとき以来、私はジョン・バーコールが、私がプラズマ物理学から天体物理学にうまく鞍替えできると踏んでいただけではなく、私を自分と似たもの同士だと、ひょっとすると自分の若き分身だと見ていたのではないかと思っている。バーコールは哲学を学ぶつもりで大学に入ったが、宇宙の最も基本的な真実へ迫るなら物理学と天文学のほうが近道だという結論にすぐさま達していた。

バーコールと高等研究所に別れを告げてまもなく、私も似たような認識に達した。一九九三年にハーバード大学で若手教員職に就いたとき、私は哲学に戻るという大転換にはもう遅いと腹を括った。だがもっと重要なこととして、私の天体物理学との〝お見合い〟が、実は昔の恋人との再会を実現させていたという確信がどんどん強まった。相手が違う衣服に身を包んでいただけだったのだ。

天文学とは、かつて哲学や宗教でしか扱っていなかった問いの数々に取り組む学問。そんな理解に私は至りつつあった。なかでも「宇宙はどのようにして始まったのか？」と「生命の起源は？」が最大の問いだ。また、広大な宇宙を眺め、万物の始まりと終わりに思いを馳せることは、「生きる価値のある人生とは何か？」に答えるための枠組みになることにも気がついた。

その答えはえてして正面からこちらを見据えている。必要なのは、勇気をかき集めてそれを認めることだけだ。一九九七年一二月にテルアビブを訪問中、私はオフリット・レヴィアタンとブラインドデートをした。私はすぐさま彼女を好きになり、このことがすべてを変えた。地理的な距離をものともせず、私たちは交際を深めていった。私は彼女のような女性に出会ったことがなかったし、もう決して出会わないだろうと確信していた。

オウムアムアから差し出された証拠に向き合うずいぶん前から、私は人生全般において、目の前に差し出された証拠を受け止め、畏敬の念を抱きつつ覚悟を決めて謙虚に追究すること——データに込められている可能性に心を開くこと——が何もかも変えうることを学んでいた。幸い、人生のこの段階で私は可能性に心を開いていた。

オフリットと私は二年後に結婚した。のちにオフリットも私と同様ハーバード大学に居場所を見つけ、学部一年生向けゼミプログラムの総責任者になった。アルベルト・アインシュタインが特殊相対性理論を導く直前に建てられたボストン近郊の古いわが家で、オフリットと私は二人の娘を育ててきた。ドイツを離れるという祖父による一九三六年の決断に始まり、ベイトハナンでの父母の出会い、そしてオフリットと私がレキシントンでクリルとロテムを育てている現在へとつながる因果の連鎖は、哲学と神学と科学は紙一重だと私に告げている。娘たちが大人への階段をゆっくりのぼる様子を見守っていると、私たちの存在という何より平凡な活動さえもが、ビッグバンにまでさかのぼれる奇跡的な何かの現れであることを再認識させられる。

時が経つにつれ、私は少しだけ哲学よりも科学を評価するようになってきた。哲学者が長い時間を自分の頭の中で過ごすのに対し、科学者には実世界との対話が何より重要だ。自然相手に一連の問いを投げかけ、実験で返ってくる答えに耳を澄ませる。率直になされるこの営みは、いい意味でおのれの至らなさを思い知らされる経験だ。アルベルト・アインシュタインの相対性理論が成功したのは、形式的にエレガントだったからではない。相対性理論は一九〇五～一九一五年に発表された一連の論文で発展したが、学界からは受け入れられていなかった。その状況を変えたのは、一九一九年にイングランドの王立天文学会の会長で自身も天文学者だったアーサー・エディントン卿が、太陽の重力が光を曲げるというその理論の予言を確認したことだった。科学者に美しいと見なされるのは、データに照らしたあとの理論の生き残り部分である。

かつて抱いていた実存的な問いに、私はジャン＝ポール・サルトルやアルベール・カミュとはまったく違う形で取り組んでいるわけだが、ベイトハナンの丘でトラクターに乗っていた少年は、きっとこの成り行きを知って喜ぶだろう。ブラインドデートに始まってレキシントンで暮らす家族へとつながった一連の機会と選択に感心するだろう。

だが、私の一家の物語には、今の私が若い頃の自分にはできなかった形で理解しているまた別の教訓がある。ここ数年の私は星間空間から太陽系にやって来た来客について、それを念頭に置きながら研究している。

生きていると偶然に近い形で、めったに見られない特別な何かが目の前を横切ることがある。人生は、目の前のものをはっきり見ているかどうか次第だ。

可能性への扉を開く

わが人生のいささか変わった道のりは、オウムアムアと出会うためのお膳立てだったと私は思っている。科学に絡めて言えば、私は自由と多様性の価値を、それぞれ研究テーマ選びと協力者選びを通じて経験から教わった。

天文学者が社会学者、人類学者、政治学者、そして忘れてならない哲学者と対話することのメリットはときに大きい。だが私の知る限り、学界で学際的なキャリアは浜辺に打ち上げられた珍しい貝殻と同じ運命をたどることが多い。誰かが拾いあげて取っておかなければやがて壊れ、打ち寄せる容赦ない波に洗われてほかと見分けのつかない砂粒と化す。

私自身のキャリアを通して、今ほど幸運ではない別の道へ進んだかもしれない場面は何度もあった。これまで仕事で顔を合わせた学者のなかには、私と同じような適性を持ちながら、私と同じような機会を与えられなかった者が大勢いた。学界を率直な目で見回すと、与えられた機会や奪われた機会がその業績から透けて見える男女が思い浮かぶ。同じことはほぼあらゆる職種について言える。

機会を与えてきた人の恩恵にあずかる側だったという自覚から、私は主流とされる考え方に対してのみならず、ときには悪しき学界の慣行に異を唱えることになるとしても、若者がその潜在能力をフルに発揮できるよう力を尽くすことにしている。その一環として、私は子どもじみていると思われることもありそうな姿勢で世界に向き合い続けようと――教育と研究の両面で――努めてきた。ゆえに、はたから子どもじみていると思われても、腹を立てるつもりはない。経験から言って、子どもは自分の内なる羅針盤の示す方角へ、多くの大人よりも正直に気負いなく向かう。そして人は若いほど、考えをねじ曲げて周囲に同調する可能性が低い。

科学に対するこのアプローチのおかげで、私には自分の研究テーマならではのかなり大胆な――〝大それた〟と言う向きもいよう――可能性への扉がいくつか開かれてきた。それがたとえば、二〇一七年一〇月に夜空を猛スピードで横切っているのを目撃された恒星間天体オウムアムアは自然現象の産物ではなかった、という可能性だ。

3　アノマリー

未解決の探偵小説

科学の営みは探偵小説のようなもの。そんなたとえをよく耳にするが、天体物理学者には普通ではない展開も待っている。なにしろ、科学的探偵事件で向き合うスケールと概念の幅が天体物理学ほど広い分野はほかにない。時間と空間の概念は相対的だとはいえ、研究で扱う時間の範囲はビッグバンの前から時間の終わりにまで及ぶし、大きさの範囲にしても、小さいほうはクォークや電子のような知られている最小の粒子、大きいほうは宇宙の端までであり、この範囲に入る何もかもが――直接または間接的に――関わってくる。

それに、天体物理学の探偵事件はほとんどが未解決だ。私たちは宇宙の主な構成要素の性質をいまだ理解しておらず、仕方なくそれらを「ダークマター（暗黒物質）」だの「ダークエネルギー（暗黒エネルギー）」だのと呼んでいる。ダークマターは、全宇宙の質量に占める割合が私たちを形作っている通常物質の五倍ある。ダークエネルギーは、ダークマターや通常物質をはるかにしのぐ量があり、少なくとも現在、宇宙に謎の加速膨張を引き起こしている。私たちはほかにも、宇宙の膨張の引き金やブラックホールの内部構造を理解していない。この二つは、私が天体物理学に鞍替えしてこのかた深く関わってきた研究テーマである。

わかっていないことがあまりに多く、一〇億年かけて科学を究めた文明がどこかにいるとしたら私たちをそもそも知的と見なすだろうか、とさえ思うことがよくある。私たちが知的と見なされるかどうかは、何を知っているかにではなく、それをどうやって知ったかに、言い換えれば科学的方法への忠誠にかかっているのではないだろうか。自分たちに何かしらの普遍的知性があるという人類の主張が成り立つかどうかは、仮説を是認または却下するデータを私たちが偏見なく追究するかどうか次第だろう。

天体物理学者が扱う探偵事件のきっかけは、実験や観測のデータで見つかったアノマリー（変則事象）ということが非常に多い。アノマリーとされる証拠は予想と食い違っており、既存の知識では説明がつかない。その場合、一般には説明の代案をさまざま提唱し、新たな証拠をもとに一つずつ除外していく、という作業を正しい説明が見つかるまで続ける。一例を挙げると、フリッツ・ツビッキーが一九三〇年代前半にダークマターを発見した。その根拠は、観測された銀河団の運動を説明するためには望遠鏡で見える以上の物質が必要だという結果だった。彼の提唱は無視されていたが、銀河内の恒星の運動と宇宙の膨張率について一九七〇年代に新たなデータが得られ、それが決定的な証拠となった。

このふるい分けのプロセスでは説明やその唱道者が相争い、学界の二分、ともすると分裂にさえ発展することもあるが、一方が文句なしの証拠を示して決着がつくこともある。

オウムアムアを巡る議論もここまでは同様に進んでおり、文句なしの証拠がないので議論は今も続いている。あらかじめお断りしておくが、科学者が決定的な証拠を手に入れる可能性はまずない。オウムアムアに追いついて写真を撮ることは不可能だ。手にするデータは後にも先にも今あるデータだけであり、残された作業はこの証拠をすっかり説明する仮説を立てることである。これはもちろん徹底して科学的な営みだ。誰も新たな証拠をつくりにかかることはないし、仮説に合わない証拠を無視しだすこともないし、複雑な式を前にした科学者を描いたひと昔前の一コマ漫画のように、「ここで奇跡が起こる」という一文を挿入することもない。一方、オウムアムアについて「見るべきものはなく、もう潮時だろう。できるだけのことは把握したのだから、以前のテーマに戻るのがいちばん」と言っておしまいにするのが、何よりリスクが大きく何より気がかりなことかもしれない。残念ながら、本書の執筆時点では大勢の科学者がそうすることにしたようである。

オウムアムアを巡る科学的な議論はわりと穏やかに始まった。初めのうちはこの天体のなにしろ興味をそそるアノマリーに私たちが気づいていなかったからだろう。当初、この探偵事件の解決は単純にみえた。オウムアムアは恒星間彗星ないし小天体、という最も見込みの高い説明が、最も単純で最もよく知られている説明でもあった。

ところが、二〇一七年の秋が深まるにつれ、私は、そして世界中の科学者の大多数も同様に、データに頭をひねった。私は、そして世界中の科学者の大多数もやはり同様に、オウムアムアが恒星間彗星ないし小惑星だという仮説に証拠をきれいに対応させることができなかったのだ。証拠と仮説のすり合わせに誰もが苦労するなか、私はオウムアムアの重層的な特異性を説明すべく、違う仮説を考え始めた。

不可思議な観測データ

ほかにどのような結論に至るにしても、オウムアムア自体がアノマリーだったし今なおそうだという点には、大方の天体物理学者が同意するだろう。

何と言っても、オウムアムアが発見されるまで、太陽系で観測された天体が恒星間天体だと確認されたことはなかったのだ。それだけでもオウムアムアは歴史に残るもので、大勢の天文学者の注目を集めるに足り、おかげでデータがもっと集まって、それが解釈されてアノマリーがほかにも見つかり、すると天文学者の注目をさらに集め、と続いていった。

アノマリーの数々が明らかになって、探偵作業が本当の意味で始まった。オウムアムアについて知れば知るほど、この天体がどこをとってもメディア報道どおりに不可思議であることがはっきりしてきた。

ハワイの天文台からその発見が発表されるやいなや、太陽系の外縁部へ向かって飛んでいたオウムアムアに、世界中の天文学者がさまざまな望遠鏡を向けた。科学界は、控えめに言って、好奇心をそそられていた。あれはまるで、自宅で催したディナーの来客が玄関を出て暗い通りへ向かったときにようやく、その人物の奇妙な特徴にあれこれ気づきだした、というような状況だった。恒星間からのこの来客について疑問はいろいろあったが、情報収集できる時間が急速になくなりつつあったことから、われわれ科学者は収集済みだったデータに立ち返るとともに、闇夜に消えゆくその後ろ姿を観測した。

当座の疑問は、オウムアムアの外観だった。頼りになるクリアな写真はなかったし、今もないが、データはある。集められるものは何でも集めようと、一一日ほどオウムアムアにかかりきりになった望遠鏡が何基もあったからだ。そうして向けられた望遠鏡に、私たちはある特定の情報を求めた。オウムアムアが太陽光をどのように反射しているかである。

太陽は街灯の役割を果たすので、その周りを回っているすべての惑星のほかにも、地球から見えるほど近づいた、地球から見えるほどの大きさの天体を残らず照らしだす。この状況を理解するには、すれ違う二つの天体はほぼあらゆる状況で互いに相手から見て回転することをまず頭に入れておく必要がある。これをふまえて、完璧な球が太陽系を通過する際に太陽のそばを飛んでいくところを思い浮かべてみよう。この場合、表面で反射する太陽光は変動しない。球体が回転しても太陽のほうを向く面積が変わらないからだ。それが球以外の場合、太陽光の反射量はその天体が回転するにつれて変動する。たとえば、アメフトのボールからの反射光は、差し渡しの長い面が太陽に向くと増え、回転するうちに短い面が向くと減る。

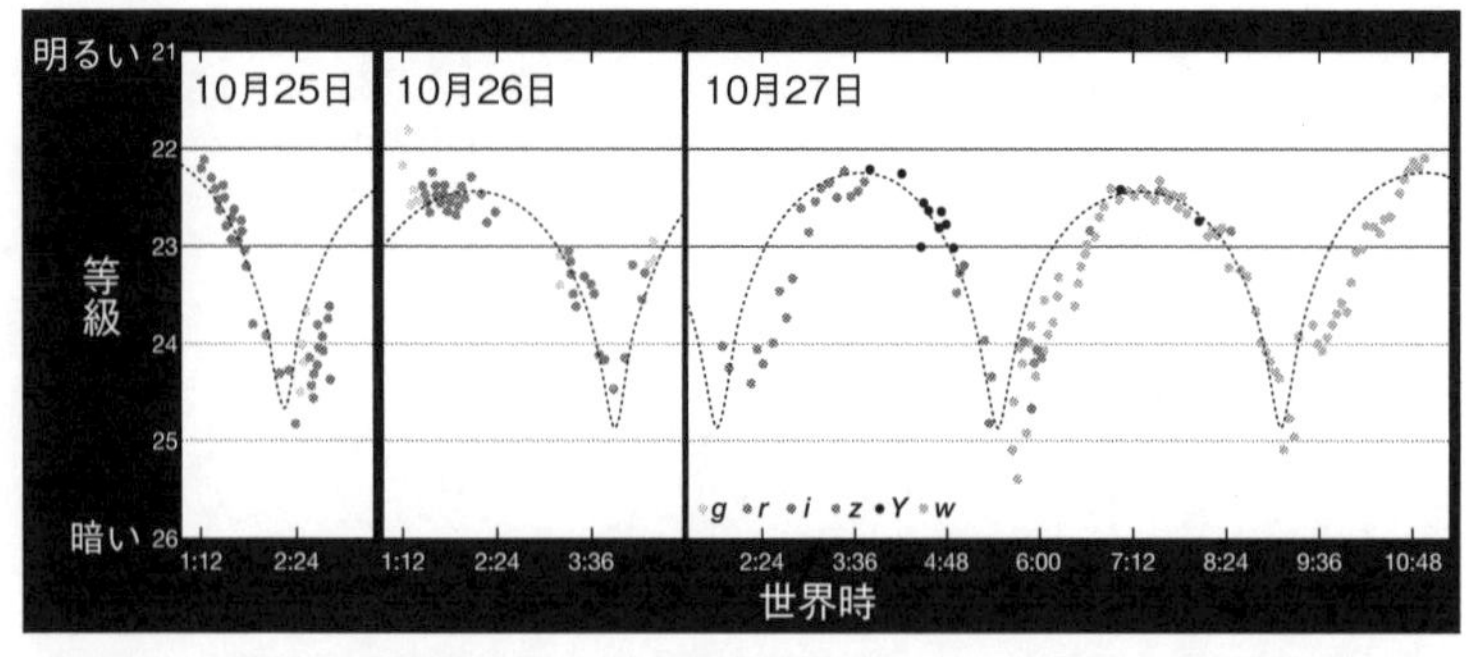

2017年10月の3日間に世界各地の天体望遠鏡でさまざまな時刻に観測された、オウムアムアの明るさの変動。グラフの各点は、色のスペクトルで可視光域と近赤外線域に当たる各種フィルターを通して測定された値を示している。オウムアムアが8時間に1回転するあいだに、太陽の反射光は周期的に10倍（2.5等級）ほど変化していた。このことから、この天体は天空に投影すると短軸よりも長軸が少なくとも5～10倍長いという極端な形状をしていることが示唆された。グラフの破線は、オウムアムアの短軸と長軸の比が1:10の楕円体だった場合に予想される曲線である。Image by Mapping Specialists, Ltd. adapted from European Southern Observatory/K. Meech et al. (CC BY 4.0)

天体物理学者にとって、天体の明るさの変化はその形状に関する貴重な手掛かりだ。オウムアムアの場合、明るさは八時間ごとに一〇倍変わった。よって、オウムアムアはまる一回転するのに八時間かかると推定された。明るさに見られたこの大きな変動は、オウムアムアが極端な形状をしていることを、具体的にはこちらから見ると短軸よりも長軸が少なくとも五～一〇倍長いことを教えていた。

オウムアムアの大きさについてはほかにも証拠が得られた。確実に言えることとして、この天体はかなり小さい。太陽の近くを通過したので、オウムアムアの表面温度は非常に熱くなったに違いなく、

ＮＡＳＡが二〇〇三年に打ち上げたスピッツァー宇宙望遠鏡の赤外線カメラで捉えられると思われた。ところが、スピッツァーのカメラはオウムアムアから放たれる熱を何も検出できなかった。このことから、オウムアムアは小さく、そのせいで望遠鏡での検出が難しかったに違いないと推定された。長軸は一〇〇ヤード（九〇メートル）前後というアメフトのフィールドほど、短軸は一〇ヤード（九メートル）未満と見積もられた。ここで、どれほど薄い天体も、天空では向きの加減に応じていくらか厚みがあるように見えることが多いので、実際のオウムアムアがはるかに薄い可能性もあることを忘れてはいけない。

科学者による推定の上限が正確な値であり、長軸は二〇〇〜三〇〇ヤード、短軸は二〇〜三〇ヤードだとしよう。すると、オウムアムアの外観は、観測実績のあるどれほど極端な小惑星や彗星と比べても、長軸と短軸の比に関して少なくとも数倍は極端ということになる。

本書を閉じてどこかへ散歩に出かけたところを想像してみよう。向こうから誰か来る。おそらく赤の他人で、見た目は当然ひとりひとり違うが、その大きさのバランスからすぐさま人間だとはわかる。そうしてすれ違う人のなかで、オウムアムアはウエストが手首よりも細く見える人に相当する。そんな人を見かけたら、自分の視覚を疑うか、人間についての自分の理解を疑うだろう。これがオウムアムアの初期データの解釈に乗り出した天文学者が直面した難題だった。

葉巻のような細長い岩体として描かれたオウムアムアの想像図。この恒星間天体のイメージといえばこれ、というほどよく知られている。ESO/M. Kornmesser

過去に例を見ない形状

発見された年のうちに明らかになったオウムアムアについての証拠をもとに、われわれは優れた探偵小説よろしく、事実と合わない理論をいくつか捨てたり仮説をいくつかふるい落としたりした。回転に伴う明るさの変動は、オウムアムアの外観として何がありえず何が考えられるかの貴重な手掛かりとなった。後者については、比較的小さいわりに長軸が短軸の少なくとも五～一〇倍という極端なバランスだったことから、考えられる形状は二つだけ、葉巻のように細長いか、パンケーキのように真っ平らかだった。

いずれにしても、オウムアムアは希有な存在だった。細長いとしても、あの大きさであれだけ細長い自然発生の天体が観測されたことはなかったし、真っ平らだとしても、自然現象の産物としてあの大きさであれほど真っ平らな天体が観測されたこともなかった。なにしろ、太陽系でこれまで観測されてきた小惑星は短軸対長軸の比がどれもせいぜい三だが、オウムアムアの場合は先ほど述べたように五～一〇だ。

まだある。

小さくて形が変わっているほかに、オウムアムアは妙に明るかった。あれほど小さいわりに、太陽のそばを通り過ぎて太陽光を反射したとき、オウムアムアは比較的明るく、太陽系の標準的な小惑星や彗星よりも光を少なくとも一〇倍は反射していた。オウムアムアの大きさは科学者の推定した数百ヤードという上限の二分の一から三分の一ほどという可能性もありそうで、その場合の反射率は前例のない値、光をよくはね返す金属のような明るさのレベルとなる。

何より目を引く異常

オウムアムアの発見が初めて報じられたとき、特異的な特徴はどれも目を引いた。それらは全体として天文学者に難題を持ちかけてきた。なぜ自然発生の天体――あの時点でそうではないという主張はなかった――があれほど統計的にまれな性質を持つのか、それを説明できる仮説を立てることを求めてきた。

科学者は考えた。オウムアムアの奇妙な特徴は、太陽系に達する前に星間空間をおそらく何十万年と移動するあいだ宇宙放射線にさらされていたせいではなかろうか。理論上、電離放射線が恒星間を漂う岩体を著しく損なう可能性はある。だが、なぜそれでオウムアムアがあのような形になるのかがわからない。

あるいは、あの奇妙な特徴はオウムアムアの起源に由来するのではなかろうか。たとえば、どこかの惑星による重力スリングショットで、いくつかの特徴に説明がつくような形で乱暴に加速されたとか。ほどよい大きさの天体がほどよい距離まで惑星に近づくと、惑星の一部が引きはがされ、重力スリングショットの場合と同じように星間空間へ投げ出されることはありうる。それとも、恒星系の外縁部を回る氷の天体の層、太陽系で言うオールトの雲のようなところから、穏やかに引き抜かれたのだろうか。

オウムアムアの変遷や起源についての前提を出発点に仮説を立てることはできた。オウムアムアのほかとは違う点が形状や反射に見られる奇妙な特徴だけだったなら、どれかの仮説で申し分なかったかもしれない。それなら私は、好奇心は抱き続けつつ踏ん切りをつけただろう。だが、私は一つ単純な理由からこの探偵小説に関わらずにはいられなくなった。それはオウムアムアの何より目を引くアノマリーに関連していた。

オウムアムアは太陽の近くを通ってきたわけだが、そのあとの軌道は太陽の重力だけに基づく予測から逸れていた。その理由のはっきりした説明は存在しなかった。

オウムアムアを観測できた一〇日あまりで蓄積されたもののうち、私にとってはこれが何より驚きのデータだった。オウムアムアのこのアノマリーや、科学者が集めたその他の情報をもとに、私はまもなくこの天体について、主流派の研究者の大半と意見を異にする仮説を立てることになる。

「それでもオウムアムアは逸れている」

オウムアムアに関する自説の発表に続く騒ぎの最中、部屋を埋め尽くす記者と林立するマイクの前に出たことがあった。あれは一時間のインタビューを三つ受けた直後だった。昼飯時で、お腹が空いていた。そこで、オウムアムアに関する自説を事細かく擁護する代わりに、さまざまな可能性に寛容でいるよう皆さんに促すことになればと、天文学のとある先人を引き合いに出した。

具体的には、一七世紀にガリレオが、自作の望遠鏡を通して見た証拠は地球が太陽の周りを回っていることを示唆している、と述べたことを持ち出した。科学史で最もよく知られ語られている逸話の一つだ。一六一〇年に刊行した著書『星界の使者』（邦訳は『星界の報告』伊藤和行訳、講談社学術文庫など）で、ガリレオは新しい望遠鏡を使った惑星の観測結果を説明し、この証拠に基づいて太陽中心説（地動説）に同意することを表明した。ガリレオのデータは地球が、そしてほかのすべての惑星も、太陽の周りを回っていることをほのめかしていた。これはカトリック教会の教義に真っ向から反しており、教会はガリレオが異端の学説を主張したとして告発した。告発側がガリレオの望遠鏡をのぞくことさえ拒んだと言われている裁判で、ガリレオは異端のかどで有罪となった。そして余生の一〇年近くを自宅軟禁の身で過ごした。

ガリレオは自分のデータと発見を捨て、地球が太陽の周りを回っているという主張を取り下げることを強要されたが、伝説によれば後日、「それでも地球は動いている」とささやいたという。これはおそらく作り話だが、本当だったとしても——少なくとも哀れなガリレオにとって——その真偽は重要ではない。ポイントは、最終的にコンセンサスが証拠に勝ったことだ。

記者会見でこの一切に立ち入ったわけではもちろんない。かの有名な天文学者の逸話に触れただけである。だが案の定、ある記者が嚙みついてきた。自分はガリレオだというわけか？否。とんでもない。オウムアムアに関する証拠に繰り返し立ち戻っては、それに照らして仮説を検証し、誰かが黙らせようとしたらみずからに「それでもオウムアムアは逸れていた」とささやけ、と歴史は教えていると言いたかったまでである。

謎の軌道

オウムアムアに見られた軌道の逸脱がなぜかくも重要なアノマリーなのか、そしてなぜ私を激しい論争や反論を巻き起こすような仮説へと導いたのか？　それを理解するには基本に立ち返る必要がある。万物を支配する最も基本的な物理法則の一つを思い出そう。アイザック・ニュートン卿による運動の第一法則のことだ。「すべての物体は、力の作用を受けて状態の変化を余儀なくされた場合を除き、静止状態または直線上の一様な運動状態にとどまる」

台の上でじっとしているビリヤードボールは、ほかの一四個が周りを弾け飛んでいこうとじっとしたままであり、ほかのボールにぶつかられると動きだす。

台の上でじっとしている単独のビリヤードボールは、キューで突かれると動きだす。

台の上でじっとしているビリヤードボールは、誰かに台のへりを持ち上げられると動きだす。

台の上でじっとしているビリヤードボールは、台の真ん中に突如として円錐形のくぼみが出現すると動きだす。

この最後の二つの例では、重力の作用でボールが動きだす。ひとたび動きだすと、重力によって定まる線上を動き、ほかの力が作用するまでその線上を動き続ける。

オウムアムアは、地球などの惑星の公転面に対し、垂直に近い軌道で太陽系に突入した。太陽は八個の惑星にはもちろん、周りを回るその他すべてに重力を及ぼしているが、その例に漏れずオウムアムアにも重力を及ぼした。二〇一七年九月九日、オウムアムアは太陽の近くを時速およそ三二万キロで通過しながら太陽の重力ではずみをつけ、別の方角へ向けてギアを上げた。そして太陽系を抜けてその外へと向かう旅を続けた。

普遍的な物理法則を駆使すると、与えられた天体が太陽の近くを曲がっていくときにどのような軌道を取るはずか、確信を持って予測できる。ところが、オウムアムアは予測どおりには

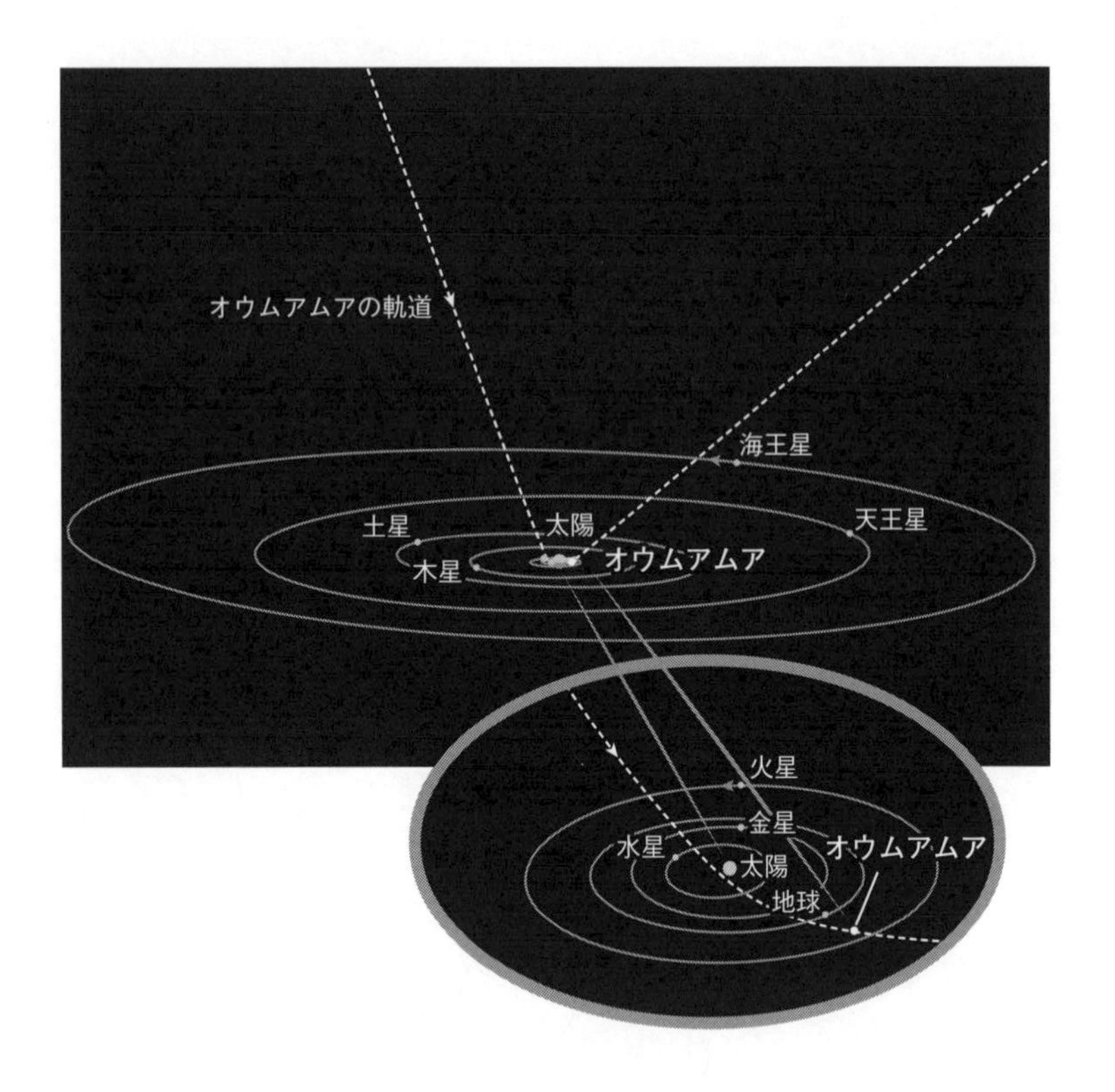

太陽系を通過したオウムアムアの軌道と、オウムアムアがパンスターズによって発見された2017年10月19日のオウムアムアおよび惑星の位置（拡大図）。観測実績のあるどの小惑星や彗星とも違い、この天体は太陽の重力に束縛されていなかった。オウムアムアは星間空間からやって来て、太陽の近くを通過した結果として速度を速めてまた戻っていった。Image by Mapping Specialists, Ltd. adapted from European Southern Observatory/K. Meech et al. (CC BY 4.0)

振る舞わなかった。

二〇一八年六月、オウムアムアの軌道が太陽の重力だけで定まる軌道からわずかだが統計的に高度に有意な幅だけ逸れていた、という研究結果が報告された。[1] オウムアムアが太陽からの距離のだいたい二乗に比例して減少する別の力で押され、加速しながら太陽から離れていったのがその理由だ。重力による引力に逆らって太陽が及ぼしうるのはどのような斥力か？

太陽系を起源とする彗星にもオウムアムアと似たような逸脱が見られるが、こちらには太陽光で熱せられた氷からの塵（ちり）や水蒸気による彗星尾が伴う。

運のいい人は、彗星を裏庭かどこかで見たことがあるだろう。なかったとしても写真やイラストでなら、彗星とそのぼんやり輝く本体（核）や、光に照らされて太陽と反対側に伸びる尾を見たことがあるに違いない。あのように輝き、あのような尾ができるのは、彗星が大小さまざまの氷の岩だからだ。彗星の氷の主成分は水だが、宇宙全体に広がる物質のランダムな分布を反映して、アンモニア、メタン、炭素などほかの物質も含まれていることが多い。組成がどうであれ、彗星が太陽の近くを通過するとき、氷が蒸発してガスや塵となって太陽光を散乱させる。そうしてできるのが彗星のコマ、すなわち蒸発していく氷やデブリを包み込んで彗星にあの輝きと独特な尾を与えるガス体である。

この尾を見てロケット後方からの噴射が連想されるとしたらもっともなことで、彗星から蒸発する氷は彗星を押すジェットの役割を果たす。このロケット効果により、ガスを噴出する彗星は太陽の重力だけの影響で定まる軌道から逸れることがある。そうした彗星の観測では厳密なことを言える。ガスを噴出する彗星が見つかったなら、その逸れ具合を測定すると、その分の推力を上乗せするのに使われた彗星の質量を計算できるのだ。

　オウムアムアを押したこの上乗せ分の要因が、彗星の場合と同じくこのロケット効果なら、オウムアムアは上乗せ分の推力を得るのに質量の一〇分の一を失ったはずである。そんなガス噴出は、私たちの望遠鏡があっさり見逃しかねないほどの微量ではない。だが、オウムアムア付近の宇宙空間をよく調べたにもかかわらず、水も炭素系のガスも塵も一切検出されず、彗星由来の水蒸気や観測可能な塵の粒子で押されていたという可能性は排除された。そのうえ、自転速度が変化しなかった。彗星では一方向のジェットが核を横向きに押していることがよくある。太陽系の彗星で見られるこの現象がオウムアムアでも起こっていたなら、大量の蒸発によって自転周期が変わったはず[2]なのだが、そうした変化は記録されなかった。

　結局、こうした謎の元をたどれば、予測される軌道からオウムアムアが逸れていたというたった一つの事実に行き着く。オウムアムアの正体に関する仮説はどれもこの逸脱を考慮する必要がある。つまり、ガスや塵の彗星尾が伸びていたとしてもこちらの装置では検出できないほどごくわずかだったという事実をふまえつつ、オウムアムアに作用していた力を説明しなければならない。

彗星なのか？

本書の執筆時点の科学界は、オウムアムアは非常に特異ではあるが彗星だという仮説を中心にまとまっている。この仮説の良さはそのなじみやすさだ。太陽の重力の影響しか受けない場合から軌道が逸れていた彗星なら観測実績が多数ある。逸れる理由もわかっており、どの事例についても原因はガスの噴出である。

だが先ほど説明したように、オウムアムアからガスの噴出は観測されなかった。それでもオウムアムアは逸れていた。

スピッツァー宇宙望遠鏡の赤外線カメラに写るようなガスの噴出を、オウムアムアは示していなかった。スピッツァーは二〇〇三年に打ち上げられてから二〇年近く、地球からおよそ二億五〇〇〇万キロ離れたところで太陽の周りを回りながら、宇宙に関するきわめて詳細な情報をさまざま集めていた。一部装置の稼動に欠かせない冷媒として使われていた液体ヘリウムが二〇〇九年に尽きたものの、赤外線アレイカメラ（ＩＲＡＣ）の運用は継続されていたのだが、二〇二〇年一月についに運用を終えた。

スピッツァーの赤外線カメラは、彗星から放たれる二酸化炭素の量を調べるのに理想的だった。十分な量の二酸化炭素があると、赤外線カメラで簡単に見えるのだ。彗星の凍った混合物には炭素がごく普通に含まれており、その混合物が熱や圧にさらされると蒸発の副産物として二酸化炭素がごく普通にできるので、スピッツァーは彗星の通過を観測するのによく使われていた。

太陽から遠ざかるオウムアムアに、ＩＲＡＣが三〇時間向けられた。オウムアムアからのガスの噴出に二酸化炭素がわずかでも含まれていれば、あのカメラで観測できたはずである。だが、ＩＲＡＣには何も見えなかった――オウムアムアから伸びるガスの尾はもちろん、オウムアムアそのものも（興味深いことに、スピッツァーはオウムアムアが発する熱も検出しなかった。ということは、典型的な彗星や小惑星よりも光をよく反射するに違いない。たいして熱を発しないほど小さいのに太陽光をあれだけ反射できるならそう考えるほかない）。

ＩＲＡＣのデータを検証した科学者らは知見をまとめた論文において、「オウムアムアを検出しなかった」[3]ことは認めたものの、「オウムアムアの軌道は非重力的加速を示しており、これは大きさと質量に敏感で、おそらくガスの噴出によって引き起こされている」と続けている。おそらく。このような形で文中に〝疑問符〟を入れていたが、著者らは論文要旨を「われわれの得た結果は、オウムアムアの起源と進化に関する謎をいっそう深めるものとなっている」と正確に締めくくっている。

二〇一九年には、最高レベルの装置を使用している別の科学者らがＩＲＡＣのデータと似たような結果を得ている。彼らはオウムアムアが近日点付近にいた二〇一七年九月上旬に太陽観測衛星ＳＯＨＯ（SOlar and Heliospheric Observatory〔「太陽・太陽圏観測衛星」の意〕）およびＳＴＥＲＥＯ（Solar TErrestrial RElations Observatory〔「太陽地球関係観測衛星」の意。二機が異なる位置から太陽を立体的に観測することから「ステレオ」に掛けられている〕）が撮影して集めていた画像を精査した。[4] 太陽観測用であるＳＯＨＯとＳＴＥＲＥＯに、彗星の発見という用途は想定されていなかったが、ＳＯＨＯによって三〇〇〇個目の彗星が特定されたときなど、ＮＡＳＡは同機を「史上最高の彗星ファインダー」[5]と持ち上げている。だが、スピッツァーと同様、ＳＯＨＯとＳＴＥＲＥＯは付近で何も検出しなかった。これらにオウムアムアは見えなかったのだ。ここから何がわかるかと言えば、オウムアムアの「水生成率」が「従来報告されているいかなる下限よりも少なくとも一桁小さい」ことくらいだった。

スピッツァーのＩＲＡＣにも、ＳＯＨＯにも、ＳＴＥＲＥＯにも見えなかった――それでもオウムアムアは逸れていた。

ガス噴出彗星仮説の難点

オウムアムアの軌道を説明しつつ、オウムアムアが彗星であるという前提を堅持するため、科学者は物理的な大きさと組成に関する自説を極限まで押し広げた。たとえば、ある科学者らは、オウムアムアの氷はすっかり水素でできており[6]、この極端な組成のせいでＩＲＡＣには見えなかった、という仮説を唱えている（炭素を含むガスの噴出はＩＲＡＣの赤外線カメラで見えるが、純粋な水素ガスの噴出は見えない）。だが、韓国を拠点にしている研究者のティエム・ホワンと私が共著論文で詳細に計算したところ、星間空間を移動する水素の氷の塊は太陽系に達するはるか以前に蒸発するという結果が得られた。氷の表面は星間空間の放射線、ガス、塵の粒子、高エネルギー宇宙線で熱せられ、自然界で最も軽い元素である水素は簡単に沸騰する。実際、太陽系の周縁部にはおびただしい数の氷の彗星があって、同じ過酷な環境にさらされている(太陽風はそれらを守れない。太陽風は星間媒質によって太陽にはるかに近い位置で押しとどめられるからだ)。だが、水素だけ——もっと言えば水素に限らず何かだけ——でできた氷の彗星のほうこそ実に奇想天外だ。少しでもそれを思わせるものさえこれまで何一つ見られたことがない。

というか、自然発生したそのようなものは何一つ知られていない。だが、そうしたものなら私たちがつくってきた。たとえば、純粋な水素は宇宙ロケットにとって好ましい燃料である。

オウムアムアの噴出していたガスが純粋な水素であろうとなかろうと、ガス噴出彗星仮説にはほかにも難点がある。逸脱中の加速が滑らかで安定していたことだ。彗星はいびつな岩体で、粗(あら)くでこぼこした表面には氷が不均一に散らばっている。その氷を太陽が融かし、ガスの噴出が推力を生むなら、その推力はでこぼこした粗い表面の至る所で生まれる。するとお察しのとおり、加速はぎくしゃくする。だが、それは観測されたオウムアムアの振る舞いではない。それどころかまるで逆だった。

一〇〇パーセント水素の氷でできた自然発生の彗星が、ガスを一箇所から噴出して滑らかな加速を生む確率はいかほどか? 自然の地質学的プロセスでスペースシャトルができる確率と似たようなものだろう。

そのうえ、オウムアムアが見せたような逸脱を説明するなら、全質量のうち統計的に有意な分がガスとして噴出されていたはずだ。この非重力的な推力はそれなりに大きく（太陽による重力加速の約〇・一パーセント）、彗星からのガス噴出はオウムアムアの質量が少なくとも一〇パーセント消費される場合にようやく逸脱の要因となりうる。これはかなりの量だ。それに、この割合に当たる物質量はオウムアムアの想定サイズが大きいほど当然多く、一〇〇〇メートルの物体の一〇パーセントは一〇〇メートルの物体の一〇パーセントよりも多い。

するとやはり、カメラに写らないガスとしてオウムアムアが噴出していたと想像せざるをえない物質の量が多いほど、望遠鏡が観測し損なった可能性は低くなる。そして、ガスとして噴出された物質が写らなかった理由を説明しようと、オウムアムアの想定サイズを小さくするほど、光度や長軸対短軸比がいっそう妙に映るし、本体はいっそうよく光を反射する何かということになる。

天体崩壊仮説でも説明できない

太陽の重力だけから定まる軌道から天体が逸れる理由の説明は、ガス噴出が関与するものだけではない。天体の崩壊が関与する説明もある。

天体がひび割れて砕け、塵や粒子に包まれたより小さな天体になると、それらは新たな軌道を取る。よって、オウムアムアが近日点付近で崩壊し始めたとしたら、太陽の重力で定まる軌道からの逸脱はその崩壊によって引き起こされた可能性がある。

　オウムアムアの事例にこの説明を持ち出した場合も、ガス噴出の場合とまったく同じで、こちらの望遠鏡で何かを、つまり崩壊してできた断片や塵の残存物を、観測できてしかるべきではないかという問題がある。氷に炭素が含まれていない可能性は低く、崩壊する岩体に炭素が含まれていない可能性はさらに低い。ほかにも、小さい天体の集まりが単一の天体に見えるのかという疑問が湧くに違いない。証拠によれば、オウムアムアは極端な形状を保った固形物のように八時間周期の自転を続けていた。

　近日点付近でオウムアムアがひび割れて砕け、軌道の逸脱を説明できるだけの質量を失った、という仮説ではオウムアムアが見せていた滑らかな加速も説明できない。どの望遠鏡でも、そうした破損や崩壊を示すデブリは観測されなかった。それどころか、得られた証拠が示しているのは滑らかで安定した加速だ。オウムアムアが壊れだしたのなら、滑らかな加速を維持しながらそうなる確率はやはりきわめて小さい。空中に投げ上げた雪玉が急に破裂して粉々になったのに軌道がまったく逸れないという状況を想像してみよう。

　崩壊仮説が成り立つためには、砕けたデブリの靄（もや）にこちらが気づかなかった理由を説明できるよう、オウムアムアの組成にますます奇想天外なことを仮定しなければならない。崩壊したなら、観測装置の検出対象が増えたはずである。岩体が崩壊して小さな破片がたくさんできれば、光の当たる表面積の総和が増え、母体だけの場合よりも彗星ガスや熱が多く生まれることになる。

それに、オウムアムアに作用していたほかの力、軌道の逸脱を引き起こしていた力は、オウムアムアから太陽までの距離の二乗に反比例して弱まっていたという証拠がある。上乗せ分の力がガス噴出の結果であれば、太陽から急速に遠ざかるにつれてもっと速く減速すると予想される。氷や水の蒸発は太陽光による加熱が不十分となってやみ、それをもってロケット効果はなくなる。ロケットの燃料が尽きて、天体に及んでいた推力の上乗せ分が突如としてなくなるのだ。そのとき天体がどのような軌道に乗っていたとしても、そのときの軌道にそこから先は従う。だが、観測によればオウムアムアはそうは振る舞わなかった。繰り返すが、作用していた力はオウムアムアから太陽までの距離の二乗に反比例して弱まっていた。

ほかには何が、オウムアムアをこの滑らかなべき乗則に従って押せるだろうか？　一つの可能性は、はね返った太陽光からオウムアムア表面に渡る運動量だ。だが、それが効くためには、表面積対体積比が尋常ではなく大きい必要がある。太陽による後押しが天体の表面に作用するのに対し、（ある程度の物質密度を持つ）天体の質量は体積に比例するからだ。したがって、天体が示す加速の増加は表面積対体積比の増加に比例する。そして、表面積対体積比が最大になるのは外形がきわめて薄い場合である。

オウムアムアに作用する上乗せ分の力が太陽からの距離の二乗に反比例して弱まっていたという報告を読んだとき、ガス噴出や崩壊ではないなら何が押していたのかと不思議に思った。唯一思いついたのは、太陽光がオウムアムアの表面で、薄い帆に当たる風のようにはね返っていた、という説明だった。

新たな仮説の数々

ほかの科学者も独自の説明を盛んに検討していた。すべての証拠とつじつまが合う説を求めて、ＮＡＳＡジェット推進研究所の科学者が新たな仮説を提唱した。その科学者が土台としたのは、放物線に近い軌道を持つ微小な彗星が近日点の直前にえてして崩壊することに関連する知見だった。もしかするとそれがオウムアムアの定めだったのかもしれない、と彼は言う。太陽の重力で定められる軌道から逸れた頃、オウムアムアはふわふわした塵の雲になっていたというのだ。あるいは、彼のより厳密な表現で言えば、オウムアムアは「奇想天外な形状、特異な回転特性、および極端に高い多孔性をどれも崩壊事象の過程で獲得した可能性のある、ゆるく結合した塵の粒子からなる揮発分除去された集合体[7]」となったのである。

その雲の結合がどれだけゆるかろうと、この仮説では揮発分除去されたオウムアムアがやはりそれなりに結合されている必要がある。なにしろ、残ったものが何であれ、それは加速して去るところが観測されたほど構造上の一体性を保っていた。ここでいう「揮発分除去」とは、高熱などの条件下に置かれた物質からある成分が取り除かれることを指す。例としてよく知られているのが、石炭が熱分解でチャー（固定炭素と灰分からなる残留固形分）になることだ。

この仮説では、炭素を含んでいない彗星が、揮発分除去を経て、多孔性のきわめて高い結合による奇想天外な形状になり、オウムアムアで観測された統計的に有意な逸脱を示した、と考えている。この仮説にはもうひと押しが要る。このゆるい結合構造をした塵の雲の軌道が、「太陽輻射圧の影響」による観測可能なガス噴出またはデブリなしで逸れたのだ。

凍った多孔質の集合体という同様の考え方[8]は、その数カ月後に宇宙望遠鏡科学研究所の研究者からも唱えられた。その一〇年ほど前、その科学者と私は共同研究で、恒星間天体の予想存在量を太陽系に関するデータをもとに初めて推定した（この予想量は、オウムアムアの説明となるために必要な値よりも数桁小さく、これも間接的にアノマリーと言える）。彼女はオウムアムアの特異な運動の説明を試みた。その計算によると、必要な推力を太陽光が生むためには、多孔質のオウムアムアの平均密度が空気の一〇〇分の一ときわめて薄くなければならない。

想像できるだろうか。細長い葉巻やアメフトのフィールドほどのパンケーキが、八時間周期で自転するほど丈夫でいて雲よりも一〇〇倍軽いというのが。この仮説は控えめに言っても妥当性というものを曲解している。なにしろ、頼りにできるのは想像力しかなく、そのような天体の観測実績はない。そもそも、自然発生の葉巻形やパンケーキ形の天体からして同じだ。オウムアムアほど極端ではないにしろ、そうした形をした天体からして、ふわふわかどうかを問わず観測されたためしがない。

組成はしばらく棚上げして、形状を詳しく検討してみよう。朝の食卓では誰も葉巻とパンケーキを取り違えない。この二つはまったく違う。それでもなお、宇宙空間で自転しているオウムアムアを思い描くのにどちらの形を選ぶかは私たち次第なのだろうか？

また別の科学者、カナダのマクマスター大学の天体物理学者が証拠に立ち返り、この問いに答えられるかどうかを検討した。[9] 彼はデータから考えられる明るさのモデルをすべて評価し、オウムアムアが葉巻形である可能性は低く、円盤形の可能性は約九一パーセント、という結論に達した。数え切れないほどのアーティストがオウムアムアを葉巻形の岩の塊として描いているが、そうしたイラストを見るときはこの数字を念頭に置くべきである。また、恒星のすぐそばを通過するというまれな軌道上で融けて潮汐力で引き伸ばされる、[10] という確率の低いプロセスをはじめ、自然発生した細長い天体についてのいかなる説明を読むときもしかりだ。あの評価結果をふまえると、ことオウムアムアに関して、その手の説明の価値には議論の余地がある。

必要とされる表面積対体積比をパンケーキ形の天体で実現するもっと単純な考え方はあるか？　ある。人類は太陽輻射圧の作用で軌道をまさにあの証拠のとおりに逸らすことのできる薄くて丈夫な装置をつくることができる。

4　スターチップ

探索の始まり

オウムアムアが発見される何年も前、私は地球外文明の探索や、地球が生命を育む唯一の惑星ではない可能性に関心を抱きだした。そのきっかけは科学と証拠であり、SFではない。私は物語は好きだし、科学も好きだが、前にも触れたように、物理法則を破って「ありえない話」で魅力をかきたてる物語が、科学の進歩ばかりか私たちの進歩も妨げていることを心配している。

それはともかく、これほど強固なありえる話があるのに、ありえない話が必要だろうか？　地球に知的生命が存在することは、架空のではなく科学的な地球外生命探索に真剣に取り組む理由として十分すぎるほどだ。

天体物理学者になって以来そう思っていたのだが、地球外で発せられた無線信号の傍受を宇宙論研究者のマティアス・ザルダリアガと二〇〇七年に提案したことで、この風変わりな関心が公（おおやけ）になった。

あれがデビューのようなものだった――そして私の人生を変えていくことになる。

電波公害をヒントに

ザルダリアガとのこの普通ではないサーベイプロジェクトは、初期宇宙ないし宇宙の夜明けに関する私の研究から生まれた。私がこのテーマに興味を持ったのはプリンストンの高等研究所からハーバード大学へ移った一九九三年で、当時は〝星が最初に輝きだしたのはいつか？〟という問いに夢中だった。この問いは〝自然法則が「光あれ！」と言ったのはいつか？〟とも言い換えられよう。星の誕生についての思索を重ねること数年、私は文明は互いをどうやって傍受するだろうかと考えるようになった。だが当時は問いを立てただけであり、答えを出すための手段がなかった。

かいつまんで言うと、宇宙のはるか初期まで時間をさかのぼるには、宇宙で最も豊富な元素である水素が原始宇宙で発した微弱な電波に耳を傾ける必要がある。いちばんの方法はそうした原始水素の痕跡を探せる望遠鏡を使うことだ。その痕跡とは、宇宙の夜明け以来続く宇宙空間の膨張によってメートル単位にまで引き伸ばされた（波長が赤い――長い――ほうへシフトした、専門的に言うと「赤方偏移」した）二一センチの固有波長である。

　二〇〇〇年代の中頃、理論上は可能というこの実験的研究分野が現実味を帯びだした。長波長の電波望遠鏡の建設がいよいよ始まったのだ。その一つ、オーストラリア西部の砂漠にあるマーチソン広視野アレイ（ＭＷＡ）は、オーストラリア、ニュージーランド、日本、中国、インド、カナダ、米国の科学者や研究機関による国際プロジェクトだった。

　数平方キロにわたって設置されたこのアンテナネットワークの立地として世界各地の天文台と同じく辺鄙な場所が選ばれたのは公害がないからなのだが、ここでいう〝公害がない〟とは光害（ひかりがい）ではなく人間がまき散らす電波がないという意味である。私たちのテレビ、携帯電話、コンピューター、ラジオが発する電波は揃って、初期宇宙の原始水素が発した電波を拾うべくＭＷＡ望遠鏡がまさに耳を澄ませている周波数帯の電波であり、テクノロジーの進歩はこのような形でも天文学者の益ではなく害となっている。

　ある日、ザルダリアガらと昼食を共にしていたとき、私はこうした電波公害をヒントにアイデアを思いついた。私たちの文明がこれだけのノイズをこの周波数で発しているなら、ひょっとするとほかの文明――ザルダリアガと私のまさに研究対象だった星々の合間にいたかもしれない地球外の異星人の文明――も発したかもしれない。

　これは直感的な思いつきで、ザルダリアガから当初は一笑に付されていた。だが、ファウンデーション・クエスチョンズ・インスティテュート（ＦＱＸｉ）がその設立に当たって既成概念にとらわれないプロジェクトを募集していると知り、私たち二人にとって真剣に取り組むべきアイデアとなった。私は彼に、関連トピックについて過去に活動していたというマイナス要因はないことだし、主流派の科学者という自分たちの評判を当てにして、好奇心をそそるこの思いつきを独自の研究プロジェクトに仕立てようと提案した。地球外知的生命探査（SETI）研究所——流行を追う科学組織の輪には一貫して加わってこなかった一方で、その検出装置や分析は見劣りがする——と二人とも無関係の宇宙論研究者だったことがプロジェクトの信憑性を高め、予算が付いた。

SETIに向けられる疑念

天文学の分野でSETIが冷たい目で見られていることは前々から承知している。そして、そんな目で見られるとはおかしな話だとも前々から思っている。主流派の理論物理学者は今、勝手知ったる三つの次元——平たく言えば高さと幅と奥行き——とも四つ目である時間とも違う余剰空間次元の研究を広く受け入れている。余剰次元の証拠は何もないのにだ。また、無限の数の宇宙がすべて同時に存在しており、起こりうることすべてがそのどれかで起こっている、とするマルチバースの仮説も世界中の名だたる科学者を夢中にさせている。その可能性を示す証拠がやはりないのにである。

私の不満の対象は、そうしたアイデアについて考えることそのものではない。どんどんやってほしいくらいだ（そしてあわよくば、肯定的な証拠をもたらす再現可能な実験を考え出してほしい）。私が文句を付けたいのは、ＳＥＴＩに向けられることの多い疑念である。理論物理学で見られている想像の飛躍に比べれば、地球に存在することがわかっている何か、すなわち生命現象を宇宙のどこかに探すことは無難な研究路線だ。銀河系は、表面温度が地球に近い地球サイズの惑星を何百億と従えている。全体として、銀河系に二〇〇〇億個ある恒星のおよそ四分の一の周りを地球と同じく生命居住可能（ハビタブル）な惑星が回っており、その表面条件は液体の水や私たちの知っている生化学反応に向いている。生命に優しい似たような条件をこれだけ多くの世界が備えていることをふまえれば（銀河系だけでも五〇〇〇億だ！）、知的生命がどこかで進化している可能性は実に高い。

　そして、これは銀河系内のハビタブル惑星に限った話だ。観測可能な宇宙の範囲にあるその他すべての銀河を考え合わせれば、ハビタブル惑星数はゼタ（10^{21}）の桁になる。これは地球上のすべての浜辺にある砂粒よりも多い数である。

　地球外知的生命探査への反感の一部は言ってしまえば、職業人生における失敗の数を最小限に抑えようと多くの科学者が取っている守りの姿勢だ。最も反感を抱かれにくい姿勢であり、うまくいく。自分のイメージをそうやって保っている科学者のほうが名声が高まり、もらう賞が増え、資金が集まるのだ。そして悲しいかな、そのせいでエコーチェンバー（反響室）効果の威力が強まりかねない。予算が付けば、同じ考えを口にする研究グループがどんどん大きくなるからである。その効果は雪だるま式だ。エコーチェンバーは守りの姿勢を増幅させ、若い研究者から持ち前の好奇心を奪い去る。彼らの大半が、職を確保するためには同調しなければならないと感じる。この趨勢に歯止めが掛からなければ、科学的コンセンサスが自己成就的予言へと変質しないとも限らない。

解釈を限定させたり、望遠鏡にいわば遮眼帯を付けたりすることで、私たちは発見を逃すリスクを抱える。ガリレオの望遠鏡をのぞくことを拒んだ聖職者を思い出そう。科学界の偏見ないし閉鎖的な姿勢――ないしお好みの表現で――は、地球外生命探し、特に知的生命探しに対してひときわよく見られ、ひときわ強い。奇異な天体や現象は進んだ文明の証拠かもしれない、という可能性を考えようともしない研究者が大勢いる。

そのような臆測は注目に値しないと言い切る科学者もいる。だが、先ほど挙げたように、たとえば弦理論をもとに予測されている多宇宙の存在や余剰次元など、ほかの臆測は科学の主流で奉られている。どちらのアイデアにも観測可能な証拠はなく、もしかすると決して得られないかもしれないのに。

ＳＥＴＩとそれに対する学界からの反感というテーマについては本書の後半で立ち返る。背後に隠れている意味合いの全体像がわかるとその重要性がいっそう際立つからだ。ここでは、科学界で主流となっているアイデアの多くと比べて、地球外生命探しは――知的生命の場合も含めて――それほど思弁的な営みではないとだけ言っておこう。なにしろ、技術文明はここ地球に現れたのだし、宇宙には地球のような惑星がほかにも多数あることがわかっている。

「私たちだけなのか？」

ザルダリアガと私が異星人文明の傍受に関する問題を追究したのは、そうした文明によるコミュニケーションがすぐに耳に入ると思っていたからではなく、注目と労力を「私たちだけなのか？」という別の問いへ向ける一助になると考えたからだった。

ザルダリアガと取り組みだしてからの数年で、私はＳＥＴＩ絡みの課題にどんどん引き寄せられていった。指導原理的なあの問いに答えるためには、証拠の裏付けの取れるアプローチとしてどのようなものが考えられるだろうか？　私の好奇心をかきたてるテーマ――ブラックホールの性質、宇宙の始まり、亜光速移動の可能性――のリストにこれが加わったことから、気がつけば同じような関心を抱く学者と誰彼かまわずつき合うようになっていた。そのなかには地球外知的生命探査でのみ知られている科学者もいた。

その後、プリンストン大学の天体物理学者エド・ターナーと私は、人工的に作られた光の証拠を探す方法をいち早く検討した。私たちが考えていたのは、最新鋭の望遠鏡ではるかかなたの宇宙船や都市の放つかすかな光を見つける試みだった。その後、フリーマン・ダイソンに促されてこの問いをひっくり返し、東京と同じ規模と明るさの都市を、当時まだ太陽系で最も外側を回る惑星だった冥王星（現在は準惑星に分類されている）から見えるかどうかの検討を始めた。私たちの問題提起は実践的ではなく理論的なものだった。氷のボールである冥王星に望遠鏡を向けて都市を探そうと真剣に検討していたわけではない。あの思考実験の目的は、都市を示唆する特徴的な光を星々のきらめきの合間に探すなら、人類（というか、この件では任意の文明）は何をする可能性があるかを明らかにすることだった。

検討の結果、ハッブル宇宙望遠鏡のような技術の粋を集めた装置を使い、人工的な光の特徴を十分長いこと探せば、太陽系の端から東京が実際に見えるとわかった。また、光が都市から放たれたものであり、太陽光の反射ではないことは、軌道周回中に太陽からの距離が増すにつれて光源が暗くなる様子から判定できることもわかった。

この宇宙にいるのは私たちだけかという問いに私が真剣に取り組んでいるという評判は、二〇一四年には《スポーツ・イラストレイテッド》誌のライターが私に連絡を取ってくるまでになっていた。先方の依頼は、惑星間ワールドカップ開催の可能性という、ＦＩＦＡの会長が口にした架空のアイデアを検討することだった。元のコメントが冗談であっても、同誌はこの発想の現実味について誰かの評価を求めたのである。そこで、チームを競技場まで運ぶテクノロジーの必要性から、競技環境の大気条件に関する合意の必要性まで、私は勇んで説明したが、対戦相手となる知的生命を見つける必要があることは真っ先に伝えた。

ザルダリアガと私は思っていたよりも目標に近づいていた。この頃、格段に真剣な目的で、ユーリ・ミルナーが私に連絡を取ってきた。

億万長者ユーリ・ミルナーとの出会い

シリコンバレーに居を構える億万長者の起業家ユーリ・ミルナーは、目的意識の強烈なオーラを放っている。生まれは旧ソ連で、モスクワ大学で理論物理学を学んだのち、ペンシルベニア大学ウォートン・スクールでＭＢＡ（経営学修士号）を取得し、投資家となって驚異的な成功を収めている。彼が支援してきた企業にはフェイスブック、ツイッター、ワッツアップ、エアビーアンドビー、アリババなどが名を連ねる。

二〇一五年五月、そのミルナーと、ＮＡＳＡエイムズ研究センターの元所長ピート・ウォーデンが、ハーバード・スミソニアン天体物理学センターの私のオフィスにやって来て、彼らが立ち上げようとしていた新プログラムに参加しないかと誘ってきた。のちにスターショット計画と名付けられるプロジェクトである。二人は、アルファ・ケンタウリ（ケンタウルス座α星）に到達できる宇宙船を開発して打ち上げるチームを支援したいと考えていた。アルファ・ケンタウリは太陽系から最も近い恒星系で、地球からおよそ四・二七光年の位置で互いの周りを回っている三重連星である。

ミルナーがそうした企てを推進することに驚きはなかった。二〇一二年、彼と妻のジュリアはブレイクスルー賞を創設し、基礎物理学、生命科学、数学に携わる世界の学者に毎年賞金を授与していた。賞金は各部門それぞれ三〇〇万ドルだ。創設から一年もしないうちに、ユーリとジュリアのほかにも、フェイスブックの共同創業者マーク・ザッカーバーグ、グーグルの共

太陽系外で地球から最も近いハビタブル惑星「プロキシマb」の想像図。2016年8月に発見されたこの惑星は、質量は地球のおよそ1～2倍、地球からの距離はおよそ4.2光年で、質量が太陽の12%という矮星「プロキシマ・ケンタウリ」の周りを回っている。表面温度は地球に近いが、薄暗い主星に近いことから、潮汐ロック（潮汐固定）されて昼側と夜側が変わらないと考えられている。ESO

同創業者セルゲイ・ブリン、23アンドミーの共同創設者アン・ウォイツキらが同賞の支援に加わっている。

自分がわくわくする科学プロジェクトを推進するもっと直接的かつ野心的な別の手を考えていたユーリ・ミルナーは、二〇一五年にブレイクスルー計画を立ち上げた。その目的は明快で、人類が対峙している何より根源的な問いのうちの二つ、すなわち「私たちだけなのか？」と「私たちは力を合わせて考え行動することでハビタブル惑星まで一気に到達できるか？」の答えを模索することだった。

ミルナーは、ソ連の天文学者ヨシフ・シクロフスキーが書いた『宇宙、生命、知性』（一九六二）を子どもの頃に読んで以来、こうした問いに魅了されていた（シクロフスキーはその後、アメリカの天文学者カール・セーガンと共著で『宇宙の知的生命』という英語版を刊行している）。そのことには、ミルナーの両親が彼の名をソ連の宇宙飛行士ユーリ・ガガーリンにちなんで付けたことも手伝ったかもしれない。ガガーリンは、若いほうのユーリが生まれた一九六一年、宇宙空間へ打ち上げられた初の人類となった。

　実を言うと、ミルナーが彼の要求をまとめてくる前から、私は助力を申し出る心づもりだった。地球以外に生命が存在するかどうかの探究に対する彼の果敢にして真摯な関心が、私の心にすっかり響いていたのだ。とはいえ、彼の要求は生やさしいものではなかった。三重連星系のアルファ・ケンタウリに探査機を送って生命が存在するかどうかを確かめるプロジェクトを率いてほしいというのだ。問題は、これをミルナーの存命中にやり遂げねばならないことだった。私はふさわしい技術概念を提案するためとして六カ月を要求した。

　私は院生やポスドクを巻き込んで、スターショット計画の目標達成に向けた選択肢を批判的に検証した。アルファ・ケンタウリ系内では、地球に最も近い恒星プロキシマ・ケンタウリが魅力的な目的地だった。うれしいことに、スターショット計画の発表からわずか数カ月後、この矮星のハビタブルゾーンにプロキシマbという惑星が発見されている。

　人類のあらゆる宇宙船を地球から宇宙空間へ送り込んできたのは化学推進ロケットだが、これではプロキシマbに達するのに一〇万年ほどかかる。当時ミルナーは五六歳だったので、彼

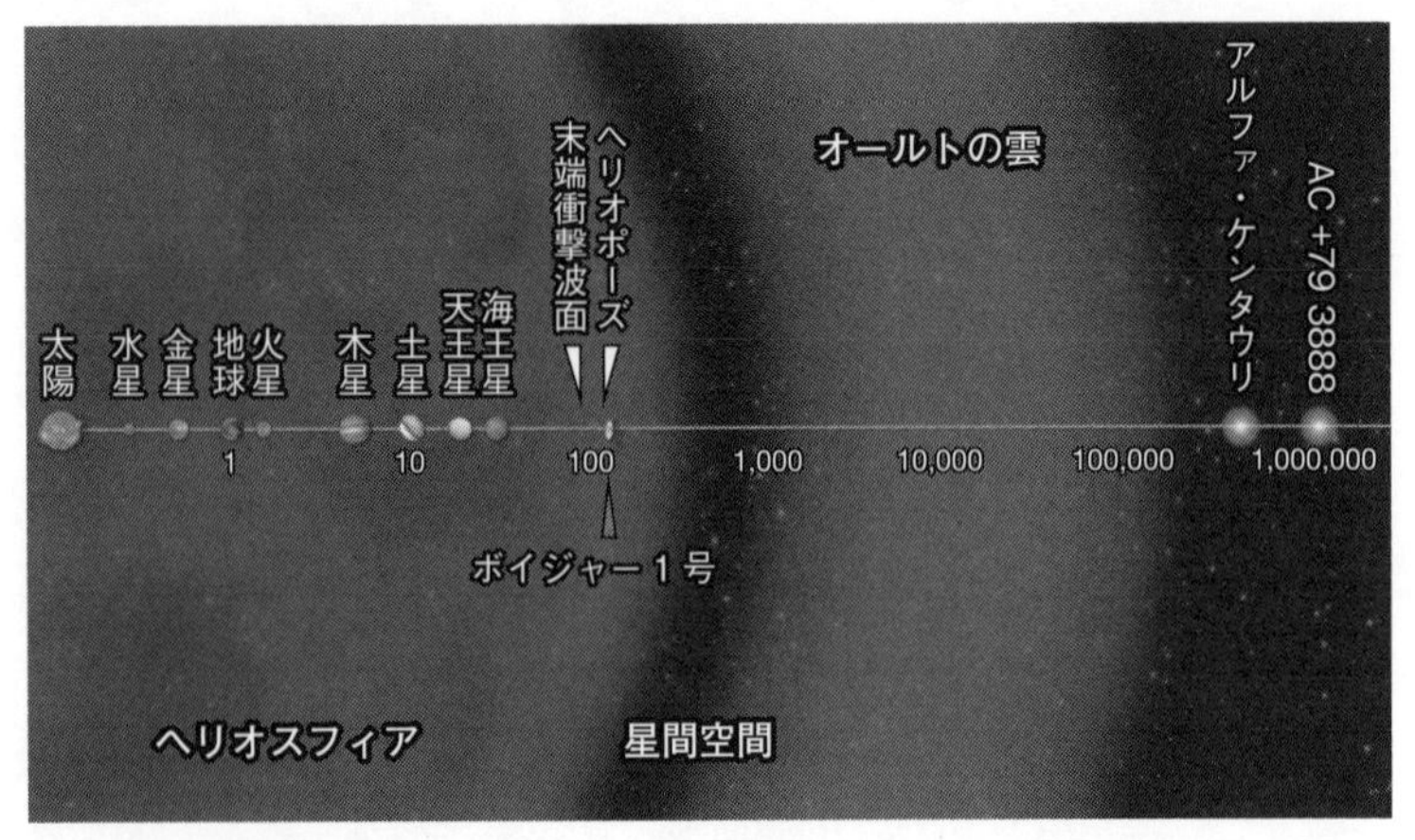

最も近い恒星系であるアルファ・ケンタウリまでの旅。4光年ほど離れたところにあり、従来の化学推進ロケットでは何万年とかかる（人類の祖先がアフリカを離れた頃に出発して今頃の到着だ）。太陽系の縁をなすオールトの雲は、アルファ・ケンタウリまでの道半ばまで広がっている。図の距離の単位は、地球から太陽までの距離（1天文単位）。2012年、太陽風が星間ガスとぶつかるヘリオポーズ（太陽圏界面）をボイジャー1号が突破した。Image by Mapping Specialists, Ltd. adapted from NASA/JPL-Caltech

の定めるスケジュール――彼の存命中――を考えると、推進ロケットでは成功の見込みがなかった。

プロキシマbに二、三〇年以内に達するためには、光速の五分の一で航行できる宇宙船が必要だった。燃料のなかでもエネルギー密度が最高である核燃料（反物質のほうが高いが手に入らない）を用いたとしても、推進ロケットでこの速度に達するのは不可能そうだった。それに、ニュートンの運動の第二法則――物体の加速はその質量とそれに作用する力に依存する――をふまえ、宇宙船はできるだけ軽い必要もあった。

目指す速度まで物体を加速するためには、途方もない量のエネルギーが要る。物体が軽いほど、必要なエネルギーは少なくて済む。よって、宇宙船の有効搭載量はせいぜい数グラムだ。となると、また別の課題が持ち上がる。なにしろ、宇宙船は一〇万年よりもはるかに短い期間で途方もない距離を踏破しなければならないうえ、着いたら着いたで写真を撮り、こちらが受信できるように地球へ送らなければならない。軽くて、小さくて、製造コストが安いことも必要だ。ゆえに、カメラと送信機は今日の携帯電話に搭載されているようなものとなろう。計算したところ、若干の変更が必要ながら、このテクノロジーで十分そうである。

われわれはさまざまなアイデアをあきらめ、残ったアイデアを改良し、最終的には光を反射する帆――基本的に鏡――に取り付けた軽量の宇宙船を打ち上げるという計画をまとめた。太陽光が及ぼす圧で押されて進むようにつくられた物体、すなわちソーラーセイル（太陽帆）のアイデアは何世紀も前から存在する。一六一〇年にはもう、ヨハネス・ケプラーがガリレオへの手紙で「天空の風に適した船または帆」について書いているほどである。だが、一九七〇年代になるまで実機製作の現実味はまるでなかった。理由の一つは、昼寝しようと日だまりを探す犬や猫がよくわかっているように、光は吸収されると熱に変わることだ。したがって、搭載する鏡は普通のものではだめで、光の吸収量を当たった分の一〇万分の一未満に抑えて消失を避ける必要がある。さらに、きわめて強力かつ正確な装置を使って、このライトセイルにレーザーを当てなければならない。

こちらもすっかり独自のアイデアというわけではなかった。レーザー推進の帆という概念は、

SF作家でもあった物理学者ロバート・フォワードによって、私の生まれた一九六二年には考案されており、フィル・ルービンなどの科学者によって小型の電子機器や最新の光学設計が採り入れられて発展した。だが、現実味を帯びたことはこれまでなかった。

われわれの計算によると、一〇〇ギガワットのレーザービームを人間ほどの大きさの標的めがけて数分間照射すれば、帆はカメラや通信装置を付けた状態でも、月までの距離の五倍ほどまで遠ざかったあたりで光速の五分の一の速度になる。これが宇宙船のいわば空中滑走路だ。レーザービームを使うとこれだけの距離で、宇宙船を最も近い恒星に私たちの存命中に十分到達できる速度で送り出せる。

私たちの提案はどれも既存のテクノロジーの範囲内だった。難しい？　そのとおり。高くつく？　それなりに。CERN（欧州合同原子核研究機関）の大型ハドロン衝突型加速器やジェイムズ・ウェッブ宇宙望遠鏡のような最大級の科学プロジェクトと同じような桁の額が見込まれたが、月を目指したアポロ計画よりは安上がりだった（スターショット計画の話を聞いた人の多くが、五〇年前のアポロ計画以降、宇宙探査にあれと同じくらいわくわくしたことはないと言っていた）。だが、効率の良さも売りだ。ひとたび出来上がった発射システムを使えば、この宇宙船を大量に送り出せる。宇宙船というより探査機という認識のほうがふさわしいかもしれないが、われわれはいつしかこれをスターチップと呼ぶようになった。

取り組みだしてまだ数カ月だった二〇一五年八月、ポスドクのジェイムズ・グィロチョンと私はライトセイルに関する論文を共著で発表した。そのなかで、このテクノロジーを人類が思

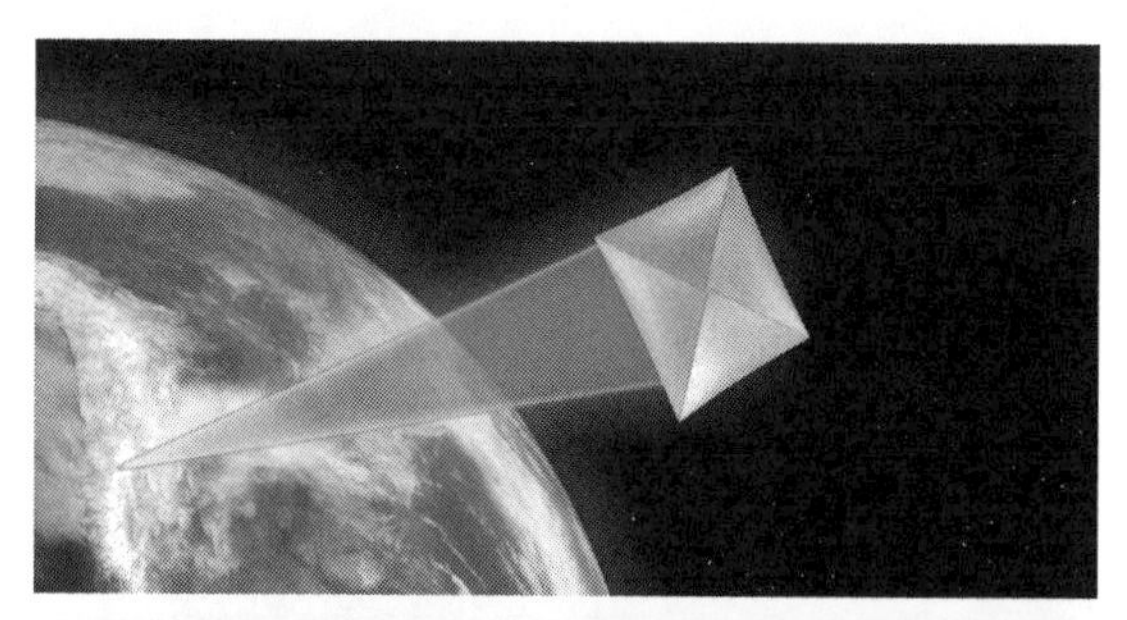

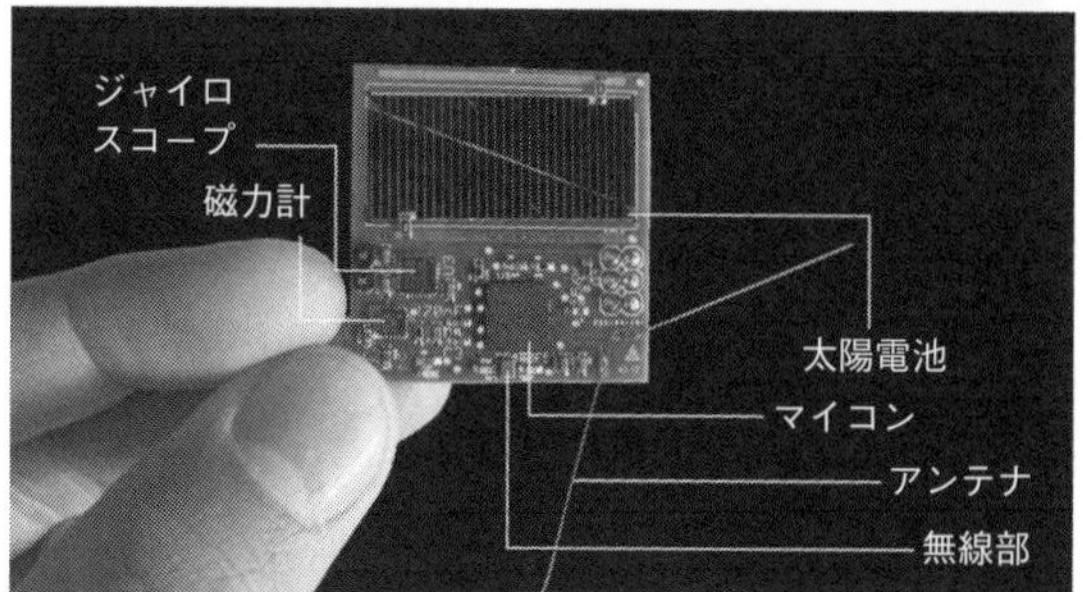

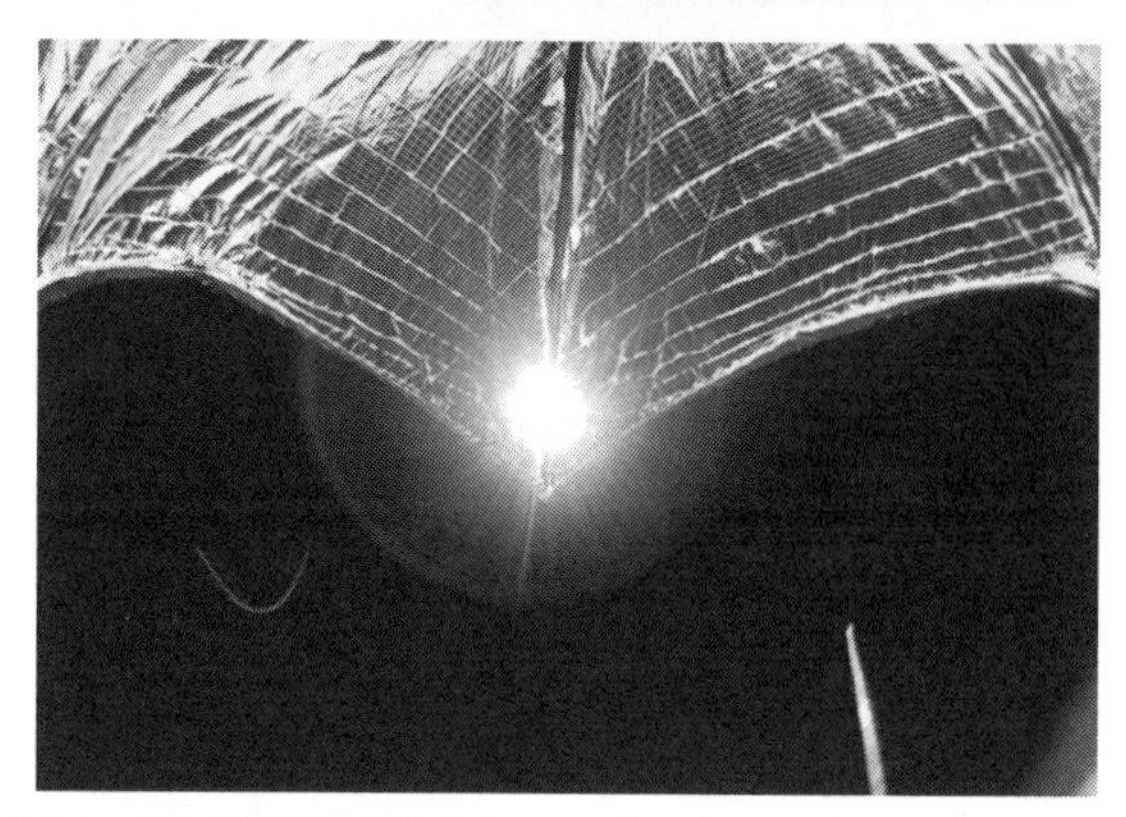

上段：ライトセイルを地球から強力なレーザービームで押すというスターショット計画の想像図。中段：カメラとともにセイルに取り付け可能な軽量電子デバイス（スターチップ）のサンプル。下段：2019 年 7 月 23 日に惑星協会によって打ち上げられた、太陽光で進むライトセイル 2 号。32 平方メートルのセイルから太陽が透けて見えている。Breakthrough Starshot/A. Loeb（上段と中段の画像）、Planetary Society（下段の画像）

いつけるのだから、ほかの知的生命も思いつくかもしれないと考えた。そしてこの想定をもとに、地球外生命が彼らのつくった宇宙船を恒星間へ送り出すために使いそうなマイクロ波ビームの類いを探すべきだと主張した。

この論文が二〇一五年一〇月に《アストロフィジカル・ジャーナル》誌に掲載されたとき、スターショット計画はまだ公式発表されておらず、スターショット計画の実現可能な案についてチームで検討したなかからグィロチョンと私が結果を一つ発表しただけだった。それでも、ミルナーのプロジェクトに関する最初の評価から論文が出て報われた気がした。

この論文の発表は思わぬ成り行きも生んだ。メディアに注目されたのだ。メディアからの関心が私の研究目標の一つだったことはなく、そのことはダークマターの性質やファーストスター（初代星）、ブラックホールについて私が以前立てた仮説についてもしかりだ。振り返ってみれば、あのメディアからの思わぬ注目はのちの事態の予兆だった。

スターショット計画発表

ハーバード大学に戻った私たちは研究を続けた。そして、ユーリ・ミルナーとピート・ウォーデンに会って半年後、来るべき電話がウォーデンからかかってきた。彼とミルナーは私のチームが得た知見の報告を求めていた。場所はカリフォルニアのミルナー宅で、それも二週間後にという希望だった。

　最も近い恒星に二〇年かそこらで到達するための現実的な計画をたった半年で立てるよう依頼されてから、私は意欲的に取り組んできた。そしていよいよ、少人数の審査員を説得して予算をもらえるよう、その成果を急ぎまとめなければならなくなった。審査委員会は、当時存命の理論天体物理学者のなかで世界一有名だったスティーヴン・ホーキングを中心に構成されることになっていた。私の提案を審査する科学界の権威はホーキングだけではなかった。私の研究について日頃からやり取りしていたフリーマン・ダイソンが、スターショットにも関心を示しだしていたのだ。

　ウォーデンから連絡があったとき、私は休暇中で、ホテルの部屋からちょうど出るところだった。行き先は、週末を過ごす地として妻が希望していた、イスラエル南部のネゲブ地方にある人里離れたのどかなヤギ牧場だった。翌朝私は、屋外に座ってヤギ牧場のオフィスの壁に背を預けながらプレゼンの準備をした――インターネットに接続できる場所がそこだけだったのだ。

　私にとっては理想的な環境だった。その日は涼しく、空気は乾いていた。正面には前日生まれたばかりのヤギがいた。私にとってはすっかり慣れ親しんだ光景で、子どもの頃に姉のレリやショシと過ごした農場が思い出された。私の役目は卵集めや、ケージから逃げた生まれたての雛探しなどだった。この勝手知ったる環境で、私はライトセイルテクノロジーを用いた人類初となる恒星間探査機の計画を清書した。

二週間後、私はパロアルトにあるミルナーの自宅を訪ねた。そして、彼の定めた要件を満たす計画がある、私たちが生きているうちに探査機をプロキシマ・ケンタウリへ送り込むことは技術的に可能だ、と伝えた。

ミルナーもウォーデンも大喜びだった。それからもう数カ月議論を重ねたのち、二人はスターショット計画を二〇一六年四月一二日にニューヨークのワン・ワールド・トレード・センター最上階にある展望台で公式発表することにした。この日はユーリズ・ナイトという、一九六一年四月一二日に人類初の有人宇宙飛行を成し遂げたユーリ・ガガーリンの記念日だった。ミルナーによる発表の場に、私はフリーマン・ダイソンとスティーヴン・ホーキングとともに同席した。私たちが掲げた歴史的ビジョンをテレビ局の取材班が撮影して世界中に放送した。翌朝、オフリットがわが家の車をオイル交換に出すと、いつものように私が来るものと思っていた整備士が私はどうしたのかと尋ねた。あの発表があって今日は来られなかったと妻が答えると、整備士は「あの計画はすごいですね。取り上げていた記事はみんな読みましたよ」と応じた。私たちが生きているうちにほかの恒星を訪れるというビジョンは、アポロ11号による月着陸のときを彷彿とさせる形で市民の心を捉えていた。

あの発表のわずか一七カ月後、パンスターズの望遠鏡によってオウムアムアが発見された。

ここでひと息入れ、オウムアムアについて発見直後の数週間で明らかになった証拠をおさらいしておこう。オウムアムアは小さくて、妙な形の、光をよく反射する天体で、太陽の重力で定まる軌道から逸れていたが、スピッツァー宇宙望遠鏡などの観測装置で入念に探したにもかかわらず、彗星尾（彗星の氷が摩擦や太陽熱で水蒸気に変わることによるガスの噴出）らしきものは見られなかった。

これらは疑いのない事実であり、それをもとに自信を持ってこう言える。オウムアムアについて明らかにされた最初の三つのアノマリー、すなわち尾がないのに普通とは異なる軌道、極端な形状、そして光度は、人類がカタログに収めてきたその他すべての天体と統計的に大きく異なっている。数字で表すと、後押しに上乗せ分があるのに彗星尾がないことから、オウムアムアは控えめに言って数百に一つの天体だ。形状についても、やはり控えめに言って数百に一つの天体であり、反射に関する特徴から、これまた控えめに言って少なくとも一〇に一つの天体である。特異な性質を示すこの三つの数字を掛け合わせると、オウムアムアがどれだけ異例かがわかる。この三つだけで一〇〇万に一つの天体ということになるのだ。

ご存じのように、オウムアムアの不可思議な特徴はこの三つ——軌道、形状、反射——だけではない。とはいえ、私たちが星間空間から初めて迎えた来客は、太陽系でこれまで観測されてきた岩石質の小惑星や氷の彗星に似ている、というわかりやすいが現実味に欠ける予想は、この三つだけからでも明らかに却下される。

こうしたアノマリーが積み重なってもなお、オウムアムアは自然発生の天体に違いない、小惑星か彗星に違いない、という最もなじみのある説明に科学者の大半が固執している。大半が、ではあるが誰も彼もではない。科学界にもアノマリーはいる。

私はというと、スターショット計画に関する検討の記憶が新たなうちに、別の仮説に引き寄せられていった。

5　ライトセイル仮説

異星人文明の証拠

二〇一八年の九月上旬、オウムアムアが頭上を通り過ぎてからちょうど一年ほどの頃、私は《サイエンティフィック・アメリカン》誌向けの論評で、異星人文明――ここでは死に絶えた文明――の遺物を探すには何が必要となりうるかについて次のように論じた。ケプラー衛星のデータから、全恒星のおよそ四分の一に地球サイズのハビタブル惑星があるとわかっている。主星の寿命のあいだに私たちのような技術文明を宿すものがそのうちごくわずかだとしても、銀河系には私たちが探すべき遺物が大量に存在していることが考えられる。

ハビタブル惑星のなかには、大気や地質に残存する痕跡なり、うち捨てられた巨大構造物なり、以前の文明の証拠が残されたものもあるかもしれない。だが、さらに興味をそそるのは、それとわかる機能を示さないテクノロジーの遺物、たとえば宇宙を何百万年と旅するうちに動力源を失って宇宙ごみと化した装置がこの太陽系を通り過ぎるところを、人類が発見する可能性だ。

すでに見つけた可能性も十分ある、と述べたところで私は前年秋のオウムアムア発見を持ち出し、蓄積されていた特異な証拠をまとめたうえで、答えを求めるでもなくこう問うた。予想される軌道からの逸脱などの特異性をふまえると、「オウムアムアは人工的なエンジンだったかもしれないのでは？」

異星人文明の傍受というアイデアと同様、あれはほんの思いつきだった。スターチップのことが頭から離れていたなら、それで終わりにしていたかもしれない。

ライトセイル仮説の誕生

その頃、私が所長を務めるハーバード大学の理論計算研究所に新たなポスドクとしてシュムエル・ビアリーが来た。私は彼に、オウムアムアの加速の上乗せ分を太陽光の反射で説明する論文を共著しないかと持ちかけた。前にスターショット計画の概念化でライトセイルを検討していたので、私は星間旅行にライトセイル技術を用いた場合の科学的な制約や可能性を熟知していた。関連する方程式はどれもまだ記憶に新しく、オウムアムアに当たった太陽光の作用による妙な力の説明に応用する用意ができていたのだ。ちなみに、当時は〝もしかするとうまく

ライトセイルとしてのオウムアムアの想像図（左）と、細長い葉巻型の岩として描かれた従来のイメージ（右）。Mark Garlick for Tähdet ja avaruus/Science Photo Library

いくかも〟程度にしか考えていなかった。天文学界は恒星間天体という刺激的な発見に沸いていたが、集まったデータには戸惑わされていた。目の前の事実は、そのすべての説明を試みる仮説となかなか一致しなかった。二人でオウムアムアの軌道の逸脱を太陽光で説明しようとビアリーに提案したとき、私はいつものように、すべてのデータを満足に説明する仮説なら検討すべき、という科学的信条にしたがっていた。

数字を検討しているうち、ビアリーが興奮してきた。私の提案したアイデアでうまくいきそうだったのだ。すると新たな疑問が湧いた。軌道の逸脱を説明するためには、オウムアムアの大きさと組成はどうでなければならないか？　鍵となる問いは、加速の上乗せ分を説明する極端な表面積対体積比を持つのに、オウムアムアがどれほど薄くなければならないかだった。検討したところ、太陽光の力が働くためには厚さ一ミリ未満であることが必要だった。

それが含意するところは明らかだった。自然はこの条件どおりの大きさと組成の何かをつくってみせたことがないのだから、誰かないし何かがこのようなライトセイルをつくったに違いない。オウムアムアは地球外の知的生命によって設計され、つくられ、打ち上げられたに違いないのだ。

文句なしに奇想天外な仮説である。だがそれを言うなら、統計的に大きく外れているオウムアムアの特徴を説明すべくこれまで提案されてきたほかの仮説も似たようなものだ。空気よりも希薄なのに構造的に結合された、水素だけでできた彗星にしろふわふわの物質の雲にしろ、自然にできそうなどころかそもそも見られたことがない。われわれの結論が奇想天外である理由はほぼひとえに、オウムアムアを自然にできた天体ではないと推定していることにある。

ライトセイル仮説は突拍子もなさそうに見えて、実はたどり着くのに途方もない発想の飛躍は要らなかった。ビアリーと私は論理的な筋道をたどった。証拠に従った。そして科学的な究明を探偵さながらに進めるという優れた伝統にのっとり、「ありえない物事を排除したなら、残ったのが何であれ、どれほどありえなさそうでも、それが真実に違いない」というシャーロック・ホームズの至言を忠実に守った。その結果が、オウムアムアは人工的につくられたもの、という仮説である。

私たちはそれを「太陽輻射圧はオウムアムア特有の加速を説明しうるか?」と題した論文に

まとめた。そのなかで、オウムアムアに関するほかのさまざまな疑問を取り上げた。宇宙塵との衝突や、自転で生じる遠心力による持続的な張力など、オウムアムアが宇宙空間を飛行中に被りうるダメージを説明した。オウムアムアの質量や速度への考えられる影響を議論し、それがきわめて小さいことを明らかにした。方程式をいくつも連ね、この天体の表面積対体積比を定めている厚みと質量のデータから結論を導いた。そして論文の最後に、われわれの仮説を提示した。「あの加速を生んだ力が輻射圧であるなら、オウムアムアは新種の薄い星間物質であり、……自然現象の産物であるか、または人工物起源のものである。

人工物起源だった場合は一つの可能性として、オウムアムアは高度な技術装置の残骸として星間空間を漂うライトセイルであることが考えられる」

私たちはこの論文をインパクトの大きいタイムリーな論文に特化した著名な科学誌《アストロフィジカル・ジャーナル・レターズ》に二〇一八年一〇月下旬に投稿した。その狙いは、われわれ同様証拠に照らして仮説を比較検討していたに違いない同業者に、この可能性も検討すべきだと注意喚起することだった。そうした考えから、査読前の草稿をオンラインのプレプリントサイト arXiv.org に投稿もした。ところが、arXiv（アーカイブ）では科学ジャーナリストもネタを探して定期的に巡回しており、ほどなく二人の人物がこの草稿を見つけて私たちの仮説をさっそくレポートした。彼らの記事はあっという間に広まり、オウムアムアが発見されておよそ一年後の二〇一八年一一月六日に大騒ぎとなった。

メディア殺到

最初のメディア報道が出て数時間のうちに、私はカメラに囲まれていた。あれは白熱した中間選挙のさなかで、米国民のほとんどが投票所で列をなしていたのだが、マサチューセッツ州ケンブリッジのガーデン・ストリートに面した私のオフィスに四つのテレビ局から取材班が押しかけてきた。私は彼らの質問をさばきながら、新聞記者からのひっきりなしの電話やメールにも対応しようと努力した。

大衆メディアの相手をした経験なら、さまざまなテーマで過去に書いた論文を巡っていくらかあったが、これほどの注目は初めてで、少々圧倒された。間(ま)の悪いことに、この日の私はベルリン行きの心の準備をしていた。科学技術の最新の進歩への社会的関心を広げた、そんな飛躍的進歩を称えるその名もふさわしいフォーリング・ウォールズ・カンファレンスで一般講演をすることになっており、前々から準備を進めていたのである。

急いで家に帰るとスーツケースを持ってまた出たが、車にたどり着く前に、わが家の住所を探し当ててきた別の取材班が現れ、玄関先に立った私にこう聞いてきた。「先生は異星人文明がどこかにいるとお考えですか?」

私はカメラに向かってこう答えた。「全恒星の四分の一が地球のような大きさと表面温度の惑星を従えています。私たちだけと思うのは高慢というものでしょう」

ベルリンで飛行機から降りる頃には、海外のメディアも同様の反応ぶりだった。論文の正式発表前でこれだった。

メディアからの注目度と、仮説の根拠たる事実を詳細に示す必要性に鑑み、《アストロフィジカル・ジャーナル・レターズ》誌はわれわれの論文を一一月一二日に掲載した。そもそも同誌はあの論文を投稿からわずか三日で受理しており、これは私の科学者人生における最速記録である。

論文の掲載はありがたかった。オウムアムアの残した証拠を説明しようと私たちの仮説を検討する科学者の輪がますます広がることになるからだ。とはいえ、オウムアムアは地球外文明起源だとする説を、数ある奇想天外な仮説の一つという程度に受け止める同業者がいくらかでも増える、という幻想は抱いていなかった。大多数はこの発想の検討に気乗りせず、一部は反感を抱きさえするだろうと予想していた。ＳＥＴＩに携わる科学者が考えそうな主張に対して疑念が支配的になることは重々承知だった。

この仮説はそう無理がないだけに、市民からの関心が膨らんだ――論文の正式発表後も盛り上がるばかりだった――ことは皮肉に思えた。実は一年前、水素原子と関連のあるアノマリーの報告（原始宇宙で水素の温度が予想よりも低かったことが判明した）を受けて、私はこれまたハーバード大学のポスドク、フリアン・ムニョスと共著で論文を書き、そのなかで、ダークマターがごくわずかな電荷を持つ粒子でできていた場合、それが宇宙の水素を冷やして、報告にあるアノマリーが説明されることを示していた。この論文の掲載誌は《ネイチャー》だったし、オウムアムアを異星人のテクノロジーとする私とビアリーの仮説よりも臆測の度合いがはるかに高いのだが、集めた注目ははるかに少なかった。

私は必要とあらばできるだけ表に出るようにはしているが、スポットライトを浴びたいわけでも、スポットライトを特に楽しんでいるわけでもないことは申し上げておく。過去、スターショット計画の場合のように自分の研究への注目を集めようとしたときには、メディアが一部でも反応してくれたのをありがたく思ったものだった。私はこれまでさまざまな分野で専門的なトレーニングを集中的に受けてきたが、われわれの誰にも、特に私には、そこにメディア対応のトレーニングも含めるという発想はなかった。あとから思えば、誰かが検討すべきだったかもしれない。天文学や天体物理学は長い期間と多額の資金を要することの多い分野であり、何ができて何が要りそうかについて市民の理解を深める活動を後回しにはできない。

「ハーバード大学のアンファンテリブル」

オウムアムアが人工的な装置だという可能性の提唱は否定的に受け止められた、と言い切るのは無理があるかもしれない。なにしろ大衆メディアは喜び、幅広い市民が魅了されていた。一方で、科学界の同業者は、何と言うか、用心深かった。

二〇一九年七月、国際宇宙科学研究所（ＩＳＳＩ）のオウムアムアチームが《ネイチャー・

アストロノミー》誌に、「オウムアムアの異星人説を支持する説得力のある証拠は見つからなかった」[1]という明快な結論を表明した。その直前の段落では、ビアリーと私が提唱した地球外テクノロジー説は興味をそそるが根拠がないと述べている。だがそのあと、「未解決問題」と題した項目を立てて、答えの出ていないオウムアムアのアノマリーを列挙している。また、チリのヴェラ・ルービン天文台の最新望遠鏡が本稼動すればようやく十分なデータが得られて、「オウムアムアに見られた特徴がどれほど一般的か、それともまれか」を判断できるようになるだろうという認識も示している。

科学ジャーナリストのミシェル・スターは私を指して「ハーバード大学天文学科の恐るべき子ども（アンファンテリブル）」と言うが、私にそれを目指す意図はまったくなかった。アノマリーに対する私の姿勢は小学校の登校初日から変わらず〝いぶかしがり、問う〟だ。あちらではなくこちらの道を選ぶとどうなりうるか、私はあれこれ考えられるよう長いこと立ち止まる。メリーランド大学の天文学者でISSIのオウムアムアチームの一員でもあるマシュー・ナイトは、同チームの所見をスターから訊かれて、「私たちは太陽系でオウムアムアのようなものをこれまで目にしたことがありません。いまだにまったくの謎です」[2]と答えたあと、「ですが、知っている何かに似たものという路線にこだわりたい」と付け加えた。

それはそれでいい。だが、同じ深い謎に迫るにしても、知っている何かに似た側からではなく謎めいた側から出発したらどうなるだろうか？　支配的な臆測には反するが手持ちのデータに沿っている可能性を検討すると、どのような疑問が持ち上がり、その答えの追究に向けてどのような新しい手法が思い浮かぶだろうか？

この問いかけは無意味ではない。手持ちのデータは私たちにきわめてまれな説明の検討を強いている。なにしろ、ＩＳＳＩチーム所属ではない主流派の天文学者が何人か、オウムアムアのデータを注意深く分析した結果として、あの天体の特異な振る舞いを説明できるのは何とも奇想天外な説明しかないという結論に達しているのだ。彼らは既知の事実を残らず説明するのに、オウムアムアは空気よりも一〇〇倍希薄な素材でできたふわふわの天体だとか、水素の氷の塊でできた彗星だとか想像せざるをえなかった。

オウムアムアの折り紙付きの特異性を説明するために、科学者は〝これまで目にしたことがない〟オプションを提示しなければならなかった。私たちがカタログに収めてきた数多くの小惑星や彗星のなかに、あれほど特異な性質のものはない。オウムアムアについて科学界で主流となっているこうした説明が熟慮に十分値するというなら、地球外テクノロジーだという仮説も同じように〝これまで目にしたことのない〟可能性であり、同じ扱いに値する。

それに、ライトセイル仮説から持ち上がる疑問は好奇心をそそる。オウムアムアは凍った純粋水素でできたきわめてまれな彗星だとするなら、私たちの疑問の大半はそこで行き場がなくなる。オウムアムアは塵でできたふわふわの雲であり、一つにつなぎ止まってはいるが、太陽光に押される程度に軽量である、と想像する場合も同じだ。いずれにせよ、その驚異に感動はできても、ほぼそれしかできない。統計的に希少なものにふさわしい場は置物を飾る戸棚であり、科学研究の新分野を興すはずもない。だが、オウムアムアが地球外テクノロジー起源だという可能性を認め、この仮説に科学的好奇心をもって臨めば、証拠や発見を目指す探査にまったく新たな展望が開けるだろう。

ハーバード大学の天文学科長とそのポスドクがオウムアムアは地球外テクノロジーの残骸だと言い出した、という当初の大騒ぎが一段落すると、メディアから今度は私はどちらを向いてもライトセイルを見つけると非難された。なにしろ、私のスターショット計画との関わりが公になってまだ二年ほどだったし、そもそも同計画の目標はライトセイルテクノロジーの力を活かして電子チップを最も近い恒星へ送り込むことなのだ。

ドイツの《シュピーゲル》誌のインタビュアーからは感心するほどぶしつけに、「かなづちしか持たない者には釘しか目に入らない、ということわざもあります」と言われた。

私はこれに対し、おっしゃるとおり、私のイマジネーションは人並みに自分の知識に導かれたし、私のアイデアは人並みに自分の以前の研究に影響された、と答えた。だが、今思えばこう言い添えればよかった。このことわざには、主役がかなづちであってそれを振るう人ではないという問題がある。熟練の大工はまず間違いなくそこらじゅうに釘を見てはいないばかりか、目にしたなかから釘を見分けられるように訓練されている。

6　貝殻とブイ

砂浜の人工物

私は取っておきたくなるような貝殻を探しながら浜辺を散策するのが大好きだ。休暇中にまとまった自由な時間が取れると、探しながらぶらつけそうな美しい砂浜を見繕っては至福のひとときを過ごしている。娘たちもよく加わり、何が打ち上げられているかを一緒に見て回る。そうして何年と集めているうち、かろうじてつながっている二枚貝や丸みを帯びたタカラガイ、ホラガイやアクキガイのような巻き貝など、それなりのコレクションができてきた。貝殻のなかには無傷のものもいくつかあるが、ほとんどにこすれや欠けがあり、その微小なかすやかけらは私たちがぶらついてきた白い砂に混ざっている。

貝殻を探していてシーグラスが見つかることがある。シーグラスは、捨てられた瓶のかけらが海中で長いこと波にもまれて転がるうちに滑らかになったものだ。そうした環境下では工業製品さえ美しいものに変わりうる。

貝殻探しの探検中に、これとは違ってあまり美しくない人工物が見つかることもある。ペットボトルや古いレジ袋などだ。だが見つかることは比較的まれで、まれである理由の説明はやさしい。滞在先としてごみに出くわしにくい浜の近くを選ぶようにしているからである。

家族が望めば、ごみに出くわすのが確実なビーチの近くを選ぶこともできた。悲しいかな、地球にはそうした浜辺が増えている。その一例がハワイのカミロ・ビーチで、かつては美しかったのだが、今では集まってくるごみの量から「プラスチックビーチ」の名で知られている。現状は残念でこそあれ、そう驚くことではない。推定によると、カリフォルニアとハワイのあいだには世界の五大「プラスチック集積海域」のなかでも最大の「太平洋ごみベルト」がある。そんな海域が五箇所あることも驚きではない。なにしろ、人類は毎年およそ八〇〇万トンのプラスチックを海に捨てているのだ。

数が多いものほど、出くわす確率は高い。この自明の理は貝殻にもペットボトルにも等しく当てはまるし、あれは自然に生じた貝殻か、それともごみかどうかはともかく人工的につくられた何かの破片か、というオウムアムアについてここまで紹介してきた可能な二つの説明にも当てはまる。

ビーチグラスでできたレンズを通してこの二つの可能性を見ると、正しいほうを見極めることがなぜとても重要なのか、そしてこの見極めが科学と人類文明の両方にとってどのような意味合いを持つのかがわかってくる。

岩体説を確率的に考察すると

オウムアムアがペットボトルではなく貝殻だったと、奇想天外には違いないが自然にできた貝殻だったとしよう。

この線での議論は、オウムアムアのアノマリーを検討してきた科学者の大多数に好まれてきた。だが、恒星間を漂う貝殻に太陽系がランダムに遭遇したとするなら、恒星間に貝殻がいくつ漂っていなければならないか？　これを検討するとすぐさま立ち行かなくなる。

浜辺を歩いていて無傷の貝殻に出くわしても誰も驚かない。貝殻をつくる海の生き物の数は膨大で、おかげで世界の海の大きさをふまえても、浜辺は集めたくなるような貝殻を探せるごく普通の場所となっている。その気になれば、特定の浜辺で何かの貝殻が見つかる確率はもちろん、特定の種類の貝殻が見つかる確率さえ推定できる。たとえば、ケープコッドの周辺水域にいるホンビノスガイの数について少々知識があれば、同半島の先端に位置するプロヴィンスタウン周辺の浜辺でその貝殻が見つかりそうな頻度を推定できるし、フロリダの浜辺でホラガイの貝殻が見つかる頻度についても同じことが言える。

オウムアムアが自然にできた小惑星ないし彗星であれば、こう問うことができる。恒星間を漂う岩体に人類が太陽系でたびたび出くわすためには、宇宙にそれがいくつなければならないか？　太陽に束縛されている普通の小惑星や彗星の類いが星間空間にも大量にあるなら、地球にいてそれらを見かけても驚きではない。先ほど触れたように、多いものほどそれに出くわす可能性は高まる。だが、星間空間にそうした岩体が少ないならむしろ驚きとなる。

ご存じのとおり、星間空間の広さは地球の海とは桁違いだ。ということは、太陽系でたびたび出くわすためにはとにかくたくさん漂っていなければならない。そうした岩体は恒星を取り巻く惑星系の材料であることが知られている。

実のところ、とにかくたくさんというだけでは推定された数をまるでお伝えできていない。星間空間にはオウムアムアの発見から示唆されるほど途方もない数の岩体が漂っている、という話になるには、銀河系にあるすべての恒星がその寿命が尽きるまでにそうした岩石質の天体を10^{15}個放出することが必要だ。この数字――一〇〇〇兆――の大きさを感覚的に摑むには、紙と鉛筆を用意し、1の後ろに0を一五個連ねてみよう。観測可能な宇宙にあるハビタブル惑星の数（10^{21}）には及ばないにしろ、銀河系の恒星一つ残らずから大量の天体が放たれていることになる。大きな固形物が形成されやすい領域は、恒星を取り巻く惑星系だ。

われらが太陽は惑星の材料をあまり無駄遣いしてこなかった。オウムアムアの発見から一〇年ほどさかのぼる二〇〇九年、私はアマヤ・モロ＝マルティンとエド・ターナーとの共著で論文を発表し、そのなかで太陽系の力学的な歴史をもとにランダムな恒星間天体の数を予測した。その数は、オウムアムアの発見を説明するために必要な数よりも二～八桁小さい。言い換えると、私たちの予測した恒星間天体の数は、オウムアムアは恒星間を漂うランダムな岩体だとする仮説に必要な数のたかだか一〇〇分の一だったのだ。この数字そのものはオウムアムアがありふれた岩の塊である可能性を排除しないが、オウムアムアが太陽系で発見されたのは統計的に見て驚きだとは言っている。

また別の言い方をすれば、オウムアムアが自然にできた岩体だとする発想には、ランダムな恒星間天体の数が私たちの思うよりも、そして太陽系による予測よりもはるかに多いという含みがある。ということは、その辺にある恒星の大多数は私たちを育んでいる恒星とかなり違うか、それとも何か別のことが起こっているかのどちらかだ。

星間物質は十分にあるか

二〇一八年、オウムアムアのような岩体が星間空間に存在する量の問題に数名の科学者グループが立ち返った。パンスターズがオウムアムアに類する天体を検出する能力を調べるなかで、彼らはいくつか一般的な結論に達している。[1] そのなかには、「オウムアムアの数多くの側面は好奇心をそそると同時にやっかいである」という、幅広い同意の得られている所見もある。だがほかにも、単位体積当たりの星間物質の数が、オウムアムアがランダムな岩体として存在するのに必要な程度となるには、各恒星がオウムアムア規模の天体を最大一〇〇〇兆（10^{15}）個放出するという、予想をはるかに上回る「質量放出率」が必要だと述べている。この数字は、地球の太陽周回軌道で切り出される大きさの星間体積当たりおおよそ天体一個に当たる。また、かつて私の共同研究者だったアマヤ・モロ＝マルティンが二篇のフォローアップ論文[2]において、オウムアムアのような天体がランダムな軌道上に天然で存在する量は、すべての惑星系が、そこに含まれていると予想されている個体物質を星間空間にすっかり放出したとしても、必要とされる値よりも数桁小さいことを示している。

先にご紹介した二〇〇九年の論文を連想させるこの研究は、こうした結論によっていくつか興味深い形で紛糾しており、その一つは星間物質の起源と関連がある。星間物質の起源は、乾いた岩のような（氷をほとんど、あるいはまったく含んでいない）物質と氷の岩のような物質とに大別される。

乾いた岩は主に惑星の形成過程でつくられる。塵の粒子がくっついてできた岩が、差し渡し数キロほどという微惑星へと成長し、やがて合体が進んで惑星になる。だが、最初の論文によると、オウムアムアが自然発生したことをランダム岩体仮説で説明するのに必要な数密度は、「惑星形成中の恒星系内縁部での物質放出からは生じえない」。惑星の形成中に放出される物質の量では、説明に必要な密度に足りないのだ。

天然の天体という説明に必要な密度に達するためには、オウムアムアのような恒星間天体の起源をもう一つ追加する必要があった。そこで彼らは恒星のオールトの雲——恒星系の最外縁で氷の天体がなす球殻——から放出される物質に目を向けた。恒星が最期を迎えると、その恒星系のオールトの雲をなす天体に及ぶ重力の束縛が弱まり、物質が放出される。だが、死にゆく恒星がすべて、それぞれのオールトの雲からデブリを星間空間に放出しても、アマヤ・モロ＝マルティンの二篇目の論文によれば、必要な密度に達するほどの物質は供給されない。

オウムアムアの「天然由来」説が直面している課題は、十分な量の星間物質が必要なことである。貝殻を引き合いに出した大ざっぱな類推が参考になろう。無傷の貝殻が浜辺で確実に見つかるためには、海に膨大な数の貝殻がなければならない。同じことは、オウムアムアが自然にできて太陽系にやって来る場合にも言える。オウムアムアがランダムに出くわす天体であるなら、同様の天体が宇宙に大量に存在することが必要で、求められる密度に達するためには、惑星形成とオールトの雲の両方から放出された天体が必要だ。

だが、オウムアムアが氷の塊ではないことは確定している（ガス噴出がないなら、氷はない）。よって、自然にできたオウムアムアがオールトの雲起源という可能性は非常に低い。

手短に言うと、オウムアムアが自然にできた天体なら、惑星形成によってできたはずである。また、惑星形成で生じる物質としては未知の部類に属しており、検出できるガス噴出がないのに太陽の重力だけで定まる軌道から逸れるような大きさ、形状、組成をしている。

本書の執筆時点で、乾いた岩の条件に当てはまる天体はほかに知られていない。だが、氷の岩の条件に当てはまる天体は少なくとも一つ知られている。

「静止」していたオウムアムア

オウムアムアが発見されてほどなく、二つ目となる恒星間天体が見つかった。本書をお読みの頃にはほかにも見つかっているかもしれない。

この二つ目となる恒星間天体は、ロシアの技術者でアマチュア天文家でもあるゲナディ・ボリソフにちなんで２Ｉ／Ｂｏｒｉｓｏｖ（ボリソフ）と命名された。彼は二〇一九年八月三〇日、自作の六五センチ望遠鏡を使って、この天体をクリミア上空に発見した。軌道が双曲線だと確かめたのも彼だった。２Ｉ／ボリソフはオウムアムアと同様、太陽の重力に束縛されないほどの高速で移動していたのだ。そしてやはりオウムアムアと同様、系外から来て太陽系を通り抜けて去っていく軌道上にいた。

だがそれ以外に目立った特徴はなかった。恒星間彗星であることに疑いの余地はなく、その点ではほかの彗星と一線を画していた。恒星間天体はどれもまれな存在なのだ。だが、ほかとの違いはそれだけで、コマやガス噴出についてはあらゆる特徴が太陽系の彗星と似ていた。２Ｉ／ボリソフは氷でできており、奇想天外ではまったくなかった。

注目すべきこととして、２Ｉ／ボリソフの発見は、奇想天外なオウムアムアが天然由来だとする説の後押しにはならなかった。それどころか逆効果で、オウムアムアがどれだけ特別なのかをあらためて強調する形となった。私は妻と出会い、彼女がどれほど特別かに気づいて、彼女と結婚した。それ以降、大勢と出会ったが、彼女らしさはその価値を失っていない。彼女がいかにまれな存在かという驚異の念は高まるばかりである。

オウムアムアと2I／ボリソフは共に星間空間から太陽系へ侵入してきたわけだが、そのことを除いてこの二つは互いにまったく違う。なにしろ、数ある月並みな特徴の一つとして、2I／ボリソフは時間的、空間的に何の変哲もない位置に現れた。

オウムアムアは違った。実は速度‐位置空間に現れた位置も顕著な特異性の一つで、これも普通ではない起源を支持する証拠である。また、オウムアムアは何であり、星間空間の虚空で何をしていたのか、という謎を解明する手掛かりにもなりうる。

このことを理解するには、速度‐位置空間の理解が欠かせない。少々ややこしくて把握しにくいかもしれないが、要するに、空間において物体が占める位置は、周りのすべてに対するその位置だけではなく、周りのすべての速度に対するその速度と併せて定義される、ということだ。とても混んでいてとても広い多車線の高速道路を車が何千台と走っている様子を思い浮かべてみよう。どの車両も少しずつ異なる速度で走行しており、ほかを追い越す車もあればほかに追い抜かれる車もあるし、制限速度よりもかなり遅い車もいれば制限速度を大幅に超えて走る車もいる。

全車両の速度を平均すると、その他すべてに対して「静止」している車が何台かいることがわかるだろう。それらはその他すべての前に出もしなければ後ろへ下がりもしない。さまざまな動きが見られるなか、それらは比較的じっとしている。

恒星についても同じことが言える。太陽の近隣にある恒星はどれも互いから見て動いている。その動きの平均は局所静止基準（ＬＳＲ）と呼ばれている。あらゆる恒星がさまざま動くなか、

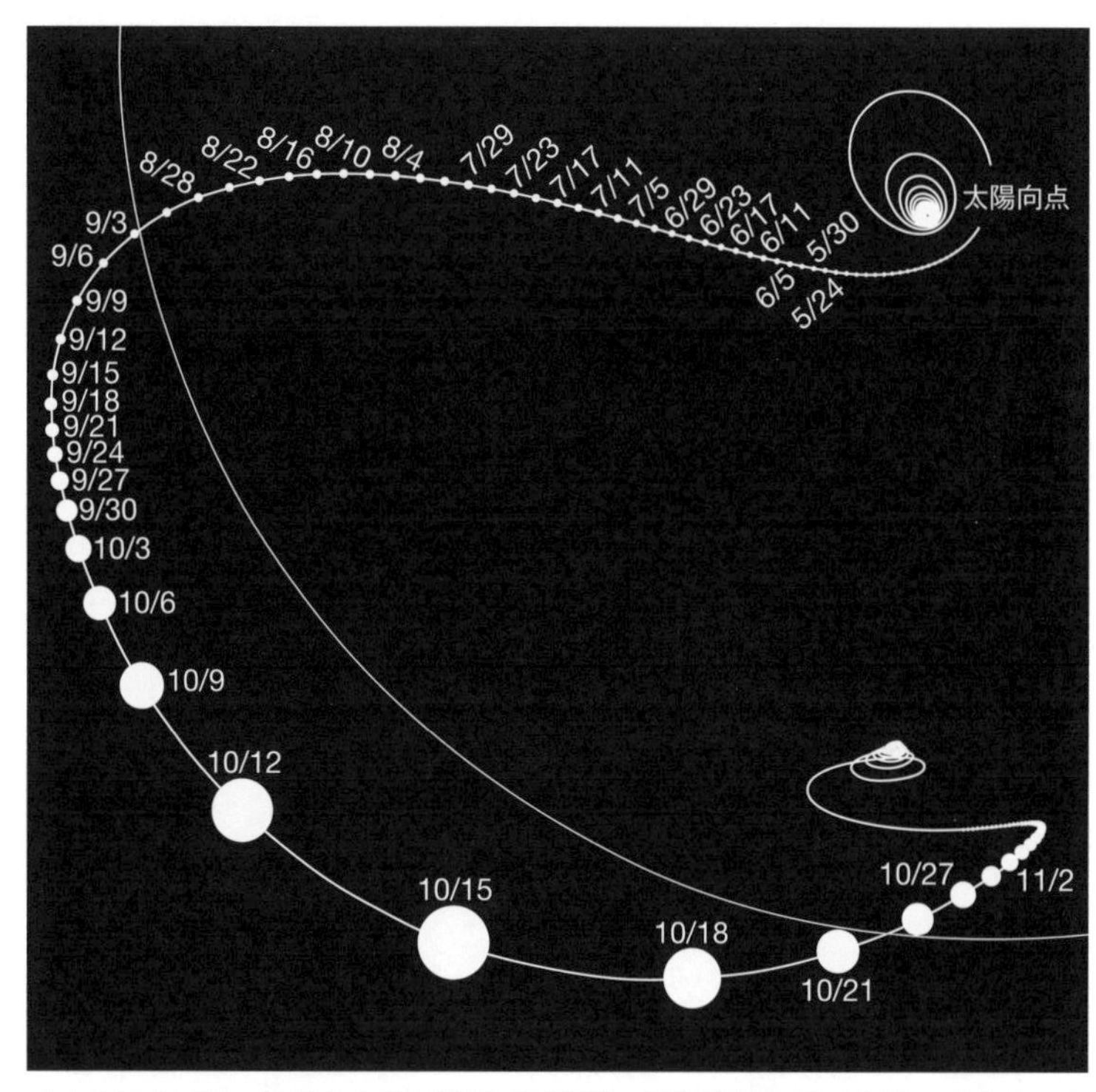

オウムアムアの、地球から見た天空での軌道。進行段階に日付を振ってある。また、見かけの軌道に示されている円の相対的な大きさから、オウムアムアまでの距離を感覚的に摑めるようになっている。太陽の運動の方向は、局所静止基準（LSR、図中の「太陽向点」のすぐ左の方向）として表されている。オウムアムアの運動がこの方向から始まってこちらへ向かっていたことからは、オウムアムアが当初LSRにいたことが示唆される。2017年の9月2日から10月22日までのあいだに、オウムアムアの軌道はLSRから太陽系の黄道面（図では円弧として表されている）へと移動した。Image by Mapping Specialists, Ltd. adapted from Tom Ruen (CC BY 4.0)

ＬＳＲにいる天体は比較的じっとしている。そして、そういうことはめったにない。

オウムアムアはそのＬＳＲにいた。

というか、少なくとも加速する前はいた。太陽との遭遇と前後して、オウムアムアは——太陽を含めた近隣の恒星の平均的な動きに対する——静止状態から、私たちから遠ざかる動きへと遷移した。太陽の重力によって勢いがついて、オウムアムアはＬＳＲから追い出された。先ほどの多車線の高速道路で言えば、「静止」していた車のどれかが横から体当たりを食らったような感じだ。その結果、オウムアムアはＬＳＲから外れ、ラケットで打たれたテニスボールのごとく太陽系からすみやかに離れる軌道に送り込まれた。

オウムアムアがＬＳＲにいたのは特異なことだった。横から体当たりを食らう前のオウムアムアのようにＬＳＲ座標系でじっとしている恒星は五〇〇個に一個しかない。[3] たとえば、太陽はこの座標系では時速およそ七万二〇〇〇キロで運動しており、これは太陽によってＬＳＲから追い出される前のオウムアムアよりも一〇倍ほど速い。

天体がＬＳＲにいる理由はどう説明できるか？　天体が地球の近くにあの決まった速度でたまたま置かれるためには、何が起こることが必要か？　どの特異性についてもそうだが、答えはオウムアムアの起源をどう考えるかによる。

まずは、科学者の大半が私のライトセイル説よりも好んでいそうな仮説から出発しよう。オウムアムアが乾いた岩なら、放出元である主星は局所静止系における五〇〇個に一個の恒星だったのかもしれない。

オウムアムアもＬＳＲにいたという事実をこれで説明できるだろうか？　できないこともない——主星系から至極穏便に放り出されたのなら。その理由は常識で理解できる。ＬＳＲにいる恒星系から乱暴に追い出された天体は、別の静止系に従うようになるだろう。主星と同じ静止系にとどまっていられるのは、主星の恒星系から穏やかに放出された天体だけだ。

アナロジーをゆがめるリスクが大きいのを承知で、多車線の高速道路の例に戻ろう。バイクが一台走っており、それを含む車両数台がその周りを走る乗用車やトラックに対して「静止」している、という様子を思い浮かべてほしい。ここで、そのバイクにはサイドカーが付いており、グリスがたっぷり塗られたピン一本で連結されているとしよう。そのピンがそっと引き抜かれた直後、サイドカーはバイクと同じように相対的な静止状態を維持する。そしてもしも——このアナロジーを本当の意味でゆがめるのはここだ——高速道路に摩擦がなければ、バイクとサイドカーは周りにいるその他すべての車両に対する位置と速度を保つ。同様に、ＬＳＲにいる惑星がその一部を穏やかに分離すると、分離された部分は惑星と同じＬＳＲの位置を保つ。

主星からの穏便な分離はありえるが、統計的には起こりそうにない。惑星の一部はそう簡単に分離しないし、惑星の一部が分離される類いの事象が穏便と形容できそうなことはまれだ。ＬＳＲにいる惑星からＬＳＲにとどまる天体が放出されるような一撃は、惑星版の羽根のタッチでなされたきわめて慎重な一撃ということになろう。それが起こる確率は〇・二パーセントと推定されている。

一方、オウムアムアの起源が、ＬＳＲに対して何かしら動いている残り九九・八パーセントの恒星のどれかという可能性もある。だが、こちらが起こるには、放出作戦がそっとひと押しどころか強打でなければならないうえ、精度が高くなければならない。ＬＳＲにいない恒星系から天体をはじき出すような勢いが加えられた結果、はじき出された天体がＬＳＲにいるなら、その一撃は主星の速度に対して大きさがぴったり同じで向きが真逆ということになる。ＬＳＲに位置する天体をつくるために、その一撃には主星系の運動を完璧に相殺することが求められるのだ。外科医が込み入った手術をかなづちのような大ざっぱな道具で試みる様子を想像してみよう。

羽根とかなづちのどちらだったとしても、自然にできたオウムアムアが主星系から放出されてＬＳＲにいるという仮説はきわめて考えづらい。

これにより、妥当性がこの二つよりもごくわずかに高い別の仮説が残る。

ＬＳＲにいる主星系から放り出された天体は、放り出された位置が主星系の最も辺縁であれば、ＬＳＲにとどまる。主星の重力による束縛は、そのあたりでは当然きわめて弱い。実際、オールトの雲のような外殻はおそらく、主星系から自由になりおおせた恒星間小惑星／彗星の大多数の起源だ。主星の重力による束縛が弱いほど、位置がＬＳＲであろうとなかろうと、最外殻にあるデブリの一部が別の重力源によって引き抜かれやすくなる。

彗星一兆個を抱える太陽系のオールトの雲が好例と言えよう。氷の天体からなるその球殻は太陽から一〇万天文単位（ＡＵ）離れている（一ＡＵは地球から太陽までの距離のことで、およそ一億五〇〇〇万キロ）。オールトの雲をなす物質に太陽の重力が及ぼす作用は、地球などへの作用よりもはるかに弱い。あれくらい離れたところでは、時速約三五〇〇キロもないような穏やかなひと押し──恒星の通過に遭遇すると与えられる可能性がある──でも天体を星間空間へ送り出すのに十分だ。

ということは、LSRに位置する主星系を取り巻く氷でできたオールトの雲のような球殻がオウムアムアの起源なら、あの天体の速度を説明しうる。だが、オウムアムアが乾いた岩であることを説明できない。

オウムアムアの力学的起源──太陽系と遭遇するまでLSRにいたこと──がどう考えてもきわめてまれなところへ、自然にできる天体が、太陽の重力だけで説明できる軌道から逸れているのに、観測可能なガスを噴出しないほど十分乾いている、というのだからその感はますます強まる。

ということで、オウムアムアは人工的につくられた物体であり、LSRにとどまるよう設計されていた、というもう一方の仮説の出番となる。ひょっとするとオウムアムアは昔々、がらくたではなくれっきとした目的があってつくられた地球外テクノロジー装置だったのかもしれない。

なぜブイなのか？

ブイのような用途の何かとか。

私たちはオウムアムアがこちらへ猛スピードで向かってきたと考えているが、物事をオウムアムアの立場から見たほうが得るところが多いかもしれない。オウムアムアにすれば、動いていなかったのはオウムアムアのほうであり、突っ込んできたのは太陽系だ。あるいは隠喩として、ともすると言葉どおりでも通用する意味で、オウムアムアはこの大宇宙で静止していたブイ、太陽系はそこへ近づいてきた高速船だったのかもしれない。

知的な地球外生命がオウムアムアをLSRにいるよう設計した、という仮説からは必然的にこんな疑問が浮かぶ。なんでまた？　理由はいくらでも思いつく。もしかすると、星間版の停止標識を設置したかったのかもしれない。それともあれは灯台、いや、簡易的な案内標識ないし灯標だったとか。ブイの巨大ネットワークは、通信網として機能するのかもしれないし、仕掛け線として、つまりどれかがLSRから放り出されると作動する警戒システムとして使えるのかもしれない。だとすると、つくった側はブイの——そしてみずからの——空間起源を偽装しようと思うかもしれない。物体をLSRに置くと、そこに置いたのが誰かを実質的にカモフラージュできる。そんなことをする理由？　数学の心得と物体の軌道情報があると、出どころを発射台まで難なくたどれるからだ。飛翔体の発射位置の特定は、北米航空宇宙防衛司令部（NORAD）の主な役割の一つでもある。数学の心得があり、よくできた宇宙地図を持っている知的な異星人なら、私たちがこの惑星の表面から打ち上げたどの恒星間探査機についても、その出どころを地球までたどれる。

こうしたアナロジーがどれも地球に事寄せているのは、本書の著者が地球人であることの現れというだけではない。人類文明がブイ、通信衛星ネットワーク、早期警戒探知システムをつくってきたことは、ほかの文明が同じことをする可能性がかなり高いことを物語っている。さらに言えば、どれも人類がその気になれば設計、製造し、打ち上げて構築できる、という理由だけでもこうした臆測に妥当性が生まれる。理由が星間絡みである必要すらない。たとえば、インドがこれに類する何かを宇宙空間に配備したとしよう。NASAの科学者はその意図については臆測を巡らすかもしれないが、インド宇宙研究機関の個性的なロゴの付いた光り輝く平たい小物体がLSRに達したこと自体には驚かないだろう。

これがオウムアムアについても言えると受け入れるためには、当然ながら、オウムアムアが地球外知的生命起源だということを受け入れなければならない。そして、地球外知的生命起源だということを受け入れるためには、人類が宇宙で唯一の知的生命ではない可能性を真剣に受け止めなければならない。

一〇〇〇兆に一つの偶然

ブイ。通信装置のネットワーク。地球外文明が航行の道しるべにすることのできる標識。探査機の発射台。ほかの知的生命体がつくったが機能を停止した装置ないし破棄された技術ごみ。

どれもオウムアムアの謎に対する妥当性のある説明だ。妥当性があるのは、はるかに小規模ではあるが、人類がこの地球ですでにやっていることだから、そして私たちが星間空間へ打って出るなら間違いなく同じことを繰り返すであろうからである。

　こうした仮説に妥当性を感じないのは、地球外の知性について不十分な証拠をもとに臆測を巡らすことができないからだ。よってこの可能性を排除し、それに基づく説明を一切却下する。望遠鏡をのぞくことを拒めば、好奇心をそそる証拠が見えようと見えなかろうと問題ではなくなる。ＳＦ小説の影響からか、検討する仮説の対象をなかなか広げられない人がいるからか、地球外文明を仮定する説明を持ち出すことは、のぞくことをきっぱり断られている望遠鏡を懐疑派に差し出すようなものとなっている。

　経験から言って、そうした頑固者に最適な矯正手段は一人で考えさせることだ。先ほど挙げた候補のどれかでも熱に浮かされている、大げさだ、現実離れしているなどと思えたなら、手元にある証拠に立ち返るといい。

　目の前にあるデータは、オウムアムアは明るく輝く薄い円盤状の何かで、ＬＳＲにいたところを、太陽の重力による引力によって、重力だけで説明できる軌道から逸れたが、目に見えるガス噴出や崩壊はなかった、と言っている。

　こうしたデータの数々はこう総括できる。オウムアムアは統計的に見て極端な外れ値だった。その形状、回転、光度だけに基づくとても控えめな数字を用いても、自然にできた彗星としてのオウムアムアは一〇〇万に一つの天体だ。オウムアムアの組成として、太陽の重力以外の要因による逸脱を私たちの装置で検出されないガス噴出で説明できるものを考えた場合でも、何千何万に一つのまれな天体である。

だがそれだけではない。思い出してほしいのだが、何とも妙なことにオウムアムアの自転速度に変化は見られなかった。一〇〇〇に一つの彗星は、オウムアムアの非重力加速から示唆される大きな質量喪失をものともせずに一定した自転を続けるかもしれない。オウムアムアがそうしたまれな彗星の一つだったとするなら、これは一〇億に一つの話になる。

それに、作用していた力がわかっていない。私たちの装置にはなぜか見えない自然なガス噴出ないし崩壊があったなら、オウムアムアを推進していたと想像されているジェットは互いにぴったり相殺されていなければならないことになる。それも一〇〇〇に一つの偶然だったとすると、オウムアムアは今度は一兆に一つの存在ということになる。

まだほかにも、オウムアムアが速度‐位置空間に現れた場所を、それがLSRにいたという事実を考慮する必要がある。前に触れたように、恒星がLSRに誕生する確率は〇・二パーセントなので、オウムアムアがランダムな彗星にすぎないという確率は一〇〇〇兆に一つに迫る。

こうした数字は妥当性をいぶかしみ、別の説明を求めている。それをふまえて、私は別のもっと妥当性のある仮説を探そうとシュムエル・ビアリーに提案した。そして、非重力加速の点で理にかなった仮説を一つだけ思いついた。それが、オウムアムアの妙に安定した推進力は太陽光によって供給されていた、というものである。

この仮説はある重要な手掛かりとまったく矛盾がない。観測者らは、オウムアムアに作用してその軌道を逸らせた上乗せ分の力は、太陽からの距離の二乗に反比例して減少していたように見えると述べていた。その力を及ぼしたのが反射する太陽光だった場合に予期される現象だ。だが、太陽輻射圧にはたいしてパワーがない。本当にそうであれば、私たちの計算によると、オウムアムアは厚みが一ミリ未満、差し渡しが二〇メートル以上でなければならない（差し渡しは反射率によるが、それはわかっていない。オウムアムアが完璧な反射板だったとすると、そこに当たった太陽光を一〇〇パーセントはね返すためには、この超薄型のシナリオでは差し渡し二〇メートルということになる）。

知られている限り、このような寸法のものは自然界にはなく、こうしたものが自然にできるプロセスも知られていない。だが、ご存じのとおり、これにぴったり当てはまるものをつくって宇宙空間に打ち上げた実績が人類にはある。ライトセイルだ。

私たちは論理と証拠を通じて、要は事実から離れることなく、この仮説に至った。そして、この仮説を真剣に検討すれば、オウムアムアがこの宇宙にどのようにして現れたのか、そしてどこから来たのかについて、わくわくするような新たな問いを検討できる。さらに、このあと説明するが、私たちがいつの日かこの謎の来客の製作者と相見える可能性があるかどうかを問う機会が与えられる。

ライトセイル仮説が可能性の世界を開くのに対し、彗星仮説は閉じてしまう。この二つのうち、より無難でより制約の多いほうの可能性が科学的コンセンサスとして格段に好まれているが、この事実からわかるのは証拠についてではなく科学を営む者や科学文化についてだ。

7　子どもから学ぶ

根源的な問い

私たちだけなのか？　これは人類が相対している最も根源的な問いに数えられている。肯定的であれ否定的であれその確かな答えを手にしたとき、それは重大な認識に向き合わねばならないときだ。宇宙論に重要性でこれと肩を並べる問いはそうはない。

ビッグバンの前はどうなっていたのか？　ブラックホールに吸い込まれた物質はどこへ行くのか？　相対論と量子力学の折り合いをつけるのはいったいどのような理論的洞察なのか？　こういった問いの答えが明らかになれば、それはそれで認識は大きく変わるだろう。この私も個人として、そして専門家として、一つ目と二つ目の答えを人生の大半を費やして求めてきた。だがこれらの問いへの答えは、自分たちはあまたいる知的な種の一つにすぎないと、あるいは逆にこの宇宙に現れた意識を持つ唯一の知性だとわかったときほど、人類の自己認識を大きく変えるだろうか？　私はそうは思わない。

私はこの問いをきわめて重視しているので、これまで科学者がその答えを求めにかかることがまれだったこと、そして求めにかかるにしても高慢な姿勢で臨んでいたことに驚かされる。私のライトセイル仮説に対する反感に始まったことではない。オウムアムアのメッセージを読み取ろうとしないという科学者の姿勢は、オウムアムアによる太陽系通過のはるか以前から見られている。

ドレイクの式

科学者の大多数にとって、地球外生命探しが奇抜な試み以上だったことはない。彼らにとって、このテーマの価値はせいぜい一抹の関心の対象、ひどい場合はあからさまな嘲笑の対象だ。この分野の発展に職業人生を賭けた著名な科学者はほとんどおらず、学界での扱いが最も良かった一九七〇年代でさえ、ＳＥＴＩ研究所との協力関係を公にしていた学者は一〇〇人ほどしかいなかった。ご存じのように、数学的な離れ業を駆使するはるかに臆測的な分野の数々のほうが大勢の物理学者を引きつけている。

ＳＥＴＩが科学的に厳密な取り組みになりだしたのは一九五九年、コーネル大学の二人の物理学者、ジュゼッペ・コッコーニとフィリップ・モリソンが独創的な論文「星間交信の探索」

を共著で発表したことがきっかけだった。著名な科学誌《ネイチャー》に掲載されたこの論文では、シンプルな臆測が二つなされている。[1]一つは、私たちと少なくとも同程度に進んだ地球外文明が存在すること。もう一つは、そうした文明が〝私たちは存在している〟という星間メッセージを一・四二ギガヘルツという「宇宙のどの観測者にも知られているはずのほかに類を見ない客観的な標準周波数」で宇宙に送信している可能性が高いことだった。二人が言及していたのは中性水素が放つ波長二一センチの電波のことであり、そのおよそ五〇年後、時間をさかのぼって宇宙の夜明けをのぞき見ようと試みた私のような天体物理学者の心を奪うことになる。

たちまち評判となった同論文において、最後の一文はSETIの誕生を予感させるとともに、その後のあらゆる地球外知性探しの理論的根拠となった。「成功する確率の推定は困難だが、探そうとしなければその確率はゼロである」。思うに、これには古代ギリシャ・エフェソスのヘラクレイトスによるとされる考察、「予期せぬことを予期しないなら、それを見いだすことはないだろう」と相通じるところがある。

二人の論文は、かなづちしか持たない者はどこを見ても釘しか目に入らない、という古いことわざも思い起こさせる。コッコーニとモリソンがこの論文を書いたのは電波天文学の誕生から四半世紀の頃で、この事実も彼らによる「予期せぬことを予期」する営みに影響したに違いない。私とビアリーによるライトセイル仮説の場合と同様、人類が異星人文明のテクノシグネチャー〔技術の痕跡〕に目を向ける技量は、そのテクノロジーをみずから開発したあとに向上するようである。

あの論文にすぐさま刺激されたのが、やはりコーネル大学の天体物理学者フランク・ドレイクだった。一九六〇年、彼はコッコーニとモリソンがまさに促していたような探査に乗り出すことにした。そして、ウエストバージニア州グリーンバンクにあるアメリカ国立電波天文台で、くじら座タウ星とエリダヌス座イプシロン星という、太陽に似た近くの恒星二個について探査を実施した。四カ月にわたって合計一五〇時間、ドレイクは電波望遠鏡を使って知性を示していそうな信号を探したが、何も見つからなかった。ドレイクが自分のやっている地球外生命の探査をどれほど奇抜な試みと認識していたかは、当人がこのプロジェクトを「オズマ計画」と呼んだことから察せられる。その由来は、ライマン・フランク・ボームの有名な児童書シリーズ（邦訳は『オズの魔法使い』佐藤高子訳、ハヤカワ文庫など）に出てくる魔法の国オズの統治者である。

ドレイクのオズマ計画は幅広い関心を集め、大衆メディアに取り上げられた。観測時間が二〇〇時間ほどに達しても何も発見されなかったが、大衆の熱狂はほとんど衰えなかった。この関心の高まりに乗って、一九六一年一一月初旬、ドレイクは国立科学アカデミーが国立電波天文台で催した非公式の会合に参加した。あの場で初めて披露したのがいわゆるドレイクの式で、彼はこれを用いて、活発に交信している地球外文明の数を推定した。

今ではTシャツにプリントされたりヤングアダルト小説のプロットに影響を与えたりしているこの式だが、ジーン・ロッデンベリーによってテレビシリーズ『スター・トレック』にそれらしさをまとわせるために誤用されて以来、科学者からは露骨に批判されたり曲解されたりしている。そのせいで見落とされがちだが、この式は発見的手法にすぎない。ＳＥＴＩの成否を左右するさまざまな項を整理するための便法なのだ。おおもとの式を次に示す。

$$N = R_{*} \times f_{p} \times n_{e} \times f_{l} \times f_{i} \times f_{c} \times L$$

各項の定義は次のとおり。

N：銀河系に存在して星間交信に必要なテクノロジーを持っている種の数
R_{*}：銀河系で恒星が形成される速さ
f_{p}：惑星系を持つ恒星の割合
n_{e}：各惑星系に存在する、生命を育みうる環境条件を持つ惑星の数
f_{l}：生命が生まれる惑星の割合
f_{i}：知的生命が生まれる惑星の割合
f_{c}：星間交信を図れるほど高度な技術を開発する知的生命の割合
L：そうした知的生命が、検出可能な信号を発信できる期間

たいていの方程式とは違い、ドレイクの式は解くための式ではない。宇宙に知的文明がどれ

だけいるかを考えるための枠組みとして考案されたものだ。答えを出せるどころか、変数すべてに値を代入できるようになるとさえ思えない。

地球外の知的生命を探すための枠組みを考案したのはドレイクだけではなく、電波物理学者ロナルド・ブレイスウェルが一九六〇年に別のアプローチを、ドイツの天体物理学者ゼバスティアン・フォン・ヘルナーが一九六一年にまた別の枠組みを考案しているが、ドレイクの式はその発表以来、善かれあしかれSETI科学の基準となっている。

ここに〝あしかれ〟を含めたのは、ドレイクの式が対象を通信信号の送信に限っているからだ。彼がその熱意を傾けた対象は**N**、ひいては地球外知性の存在を確定させる星間交信の数だけだった。的を通信に絞ったせいで、変数**L**にも制約が課されることになる。**L**が表しているのは、知性を持つ種が交信信号を発信できると考えられる期間だ。だが考えてみてほしい。人類の場合、ある種の望遠鏡で検出できる汚染物質を排出しだして数百年になるが、電波を発するようになってまだ数十年でしかない。

Nと**L**は共にドレイクの式のさらに深刻な問題を指している。地球外の知性を探す活動を評価および推進するのに必要な変数を明らかにする初の体系的な試みとして、この式にどれほど価値があろうと、もしかすると式として表されていること自体が最大の制約かもしれない。SETIに携わる科学者が異星人の電波信号を見つけられなかったのを見て、批判的な向きはここぞとばかりにあの式——とあらゆるSETI活動——をとことんきわもの扱いした。

一九九二年、米国政府は**N**探しの線でNASAに一二二五万ドルの予算を用意して、ある電波天文学プログラムをスタートさせた。ところが翌年、そのSETIプログラムへの資金援助は打ち切りとなった。上院が活動支持と財政支援を打ち切るにあたり、ネバダ州選出のリチャード・ブライアンは、「何百万ドルも使ったあげく、小さな緑色の宇宙人をまだ一人として捕まえられていない」[2]と述べた。人類による「私たちだけなのか？」への答えの追究を妨げてきた無知や誤った臆測をこれ以上端的に表現した文言はなかなかない。ほかの予算と比べれば使われた額は少ないし、成功の証として求められた基準はばかげている。

とはいえ、初期のSETI研究者がみずからの大義に貢献することもめったになかった。電波や光の兆候探しにほぼ的を絞っていたことは、具体的な探査や投資価値のあるプロジェクトを考えるうえで、科学の進歩にも市民へのアピールにも貢献しない前提条件となっていたのだ。最近ようやく、バイオシグネチャーやテクノシグネチャーを探すことへの関心が高まってきた。バイオシグネチャーには大気中に含まれる酸素やメタン、外海に浮かぶ巨大な水の華などが、テクノシグネチャーには惑星大気に含まれる工業汚染物質の指標や、都市の存在をほのめかす局所的なヒートアイランドなどがある。

SETIに携わる者は今なお足掛かりを探し続けている一方、彼らを支援してしかるべき科学界の各方面は概して消極的だ。人類の科学にはさらなる成熟が求められる——SETIにおいても、私たちの限られた想像力が切り開いてきたほかのフロンティアにおいても。

データとの整合性

私のオフィスには、ラベルに〝IDEAS〟とだけ書かれたファイル用引き出しがある。ハンギングファイルが一つだけ掛かっており、マニラフォルダーがいくつか差し込まれている。ファイルは膨れあがっていることもあれば、そうでないこともある。各フォルダーには紙が何枚かはさまっており、そこに方程式が書かれている。どれも答えを出すに値する問題ないし疑問として思いついたものだ。自宅の裏庭や近所の森を散歩するとき、これをよく持っていく。月並みに聞こえるかもしれないが、思いつくのはシャワーを浴びている最中のことが多い（先頃、オランダの撮影班が私の着想の源を映像に収めようと浴室にまで入ってきたのを見て、妻が後日、防水のペンとホワイトボードを買ってくれた）。

このアイデア集めは、集めたアイデアについて一緒に考える学部生、院生、ポスドクを抱える前から、そもそもこの引き出しを用意するずいぶん前からやっていた。私の研究は、これらを種にして発展してきた。こうした種が実を結んで、今では七〇〇篇を超える論文と六冊の本（お手元のこの本を含む）が出ているほか、恒星の誕生、（太陽）系外惑星の検出、ブラックホールの性質に関連して実証された予測が増えている。

想像力だけに導かれていると言いたいのではない。私の研究はすべて〝データと突き合わせる〟という揺るぎない指導原理に従っている。私は数学的な臆測（個人的には「理論バブル」と呼んでいる）を避ける。天体物理学という分野では、何の証拠もなく心に浮かんできた理論に夢中になり、予算や才能をその道連れにすることがあまりに多い。そこにある現実は一つであり、私たちはその現実におけるアノマリーを検討し尽くしたとはとうてい言えないのが現状だ。

代々の学生に言い続けてきたことだが、データからのフィードバックがほとんどあるいはまったく得られる見込みのない抽象概念の研究に流されるのは危険だ。だが、科学の主流に反する研究路線の追究や結論の提唱も同じくらい危険だと大勢の学生が感じてきたに違いない。思うに、この反応は残念なばかりか問題を招く。

ここ数十年、地球外生命探しが大いに促されてきたわりには、試されていない事柄、理論化の不十分な事柄、予算が足りていない事柄、そして幅広い科学者から触れないのがいちばんと思われている事柄が多く、私はそのことに繰り返し衝撃を受けてきた。本書の冒頭でご紹介した、私が学部生に出している二つの思考実験での反応を同僚に話して聞かせると、たいていかみ殺したような笑いしか返ってこない。学生のありふれた反応の背後に研究テーマに関わる真実が隠れていないか、私たちはもっと注目して自問すべきだと私は考える。

科学の進歩の尺度はソーシャルメディアにおける流行の尺度とは違い、唱えられたアイデアが証拠の裏付けのある真実にどれだけ迫っているかだ。この事実が広く受け入れられていることをふまえると、物理学者は自身の成功をそのアイデアの人気ではなくデータとの整合性で測っていると思いたくなる。だが、理論物理学の現状を眺めるとそうはなっていない。予算は往々にして流行が左右しており、投資に見合う見返りがほとんどない事例も見られる。

理論物理学の主流派は、超対称性、余剰次元、弦理論、ホーキング放射、マルチバースといった数学的な発想を、実験的証拠がないのに反駁不可能で自明なことと考えている。私が出席したある会議で、著名な物理学者が次のように述べていた。「こうしたアイデアは、たとえそれを支持する実験的検証がなくとも、正しいに違いありません。なにしろ、大勢の物理学者が正しいと考えていますし、数学の才能に恵まれた科学者がこれほど大勢間違えているかもしれないとは想像しにくいことです」

この集団思考は脇に置き、アイデアそのものに注目しよう。たとえば、超対称性。この説によるとすべての粒子にそのパートナーがあるのだが、これは著名な理論家が予想しているほど自然なことではない。CERNの大型ハドロン衝突型加速器で得られた最新データからは、探査したエネルギースケールで見つかると期待されていた超対称性を支持する証拠は何も見つからなかった。ダークマター、ダークエネルギー、余剰次元、弦理論に関連するほかの臆測的なアイデアに至っては何の実験もなされていない。

オウムアムアが地球外テクノロジーであることを示唆するデータのほうが、超対称性理論が正しいことを示唆するデータよりも盤石だと想像してみよう。その場合、どういう話になりうるか？　大型ハドロン衝突型加速器の建設には五〇億ドル弱がかけられた。この装置は超対称性について確定的な証拠が得られることを期待して建造され、その後も運用に毎年一〇億ドルが支出されている。科学的コンセンサスとして最終的にこの説をあきらめることになった場合、巨額の予算と長年にわたる労力を費やした末のこととなる。私たちが地球外知的生命探しに同様の投資をしない限り、オウムアムアが何だとか何ではないとか言う断定をうのみにすべきではない。

超対称性のほかにも多くの説、たとえばマルチバースが、証拠もないのに学界の内外から配慮をもって恭しく注目されている。このことを私たちは立ち止まって考えるべきだ。証拠がないからではない。このことが科学の営みそのものについて何を明らかにしているか、それを理由に懸念すべきである。

オウムアムアが地球外で設計されたものという説の公正な検討を阻んでいるのは、証拠でもなければ、証拠の集め方でも、この仮説に至った推論でもない。最も直接的に邪魔をしているのは、証拠と推論の先に、つまりどういうことなのかに、目を向けたがらないという姿勢だ。問題の所在は伝える内容のことも伝える側のこともあるが、どちらだったにしても、耳を傾けたがらない相手に出くわすと証拠や推論よりも大きな問題が行く手を阻む。

天体物理学に謙虚さを

宇宙から突き付けられている数多くのアノマリーと比べ、地球外生命探しは注目と知力をほとんど集めていないが、その理由はいくつもある。ＳＦ小説の数々に見られる往々にしてばかげたプロットが足を引っぱってきたことは間違いない。だが、天文学者や天体物理学者の偏見もしかりで、新世代の科学者にぞっとするような累積的影響を及ぼしてきた。

今日の若手の理論天体物理学者からすると、地球外知性の証拠を探すよりもマルチバースについて思案を巡らせたほうが、終身在職権につながる仕事を得られる可能性が高い。この状況は嘆かわしい。駆け出しの科学者は、職業人生初期のうちでも想像力が最もよく働く段階にいるのだから。彼らはこの創意に富む時期に、科学の主流から外れる恐怖をかきたてて関心を明に暗に抑えこむような言動に遭遇する。

一世代前の理論物理学者は、自説の誤りが実験データによって証明されるのを見届けるという謙虚さに心を開いていた。だが、人気はあるが実証されていないパラダイムの唱道者によってつくられた新しい文化が、その理論の信奉者のあいだで栄えて、賞の選考委員会や資金提供機関に対して影響力を行使している。大型ハドロン衝突型加速器で証拠が見つからなかったのに超対称性をいっそう強気に推す科学者、あるいは支持するデータがないのにマルチバースは存在するに違いないと主張する科学者は、貴重な時間と資金と才能を浪費している。それに、使える資金のみならず時間も有限だ。

皮肉にも、大人である大勢の科学者は、このことを子どもの頃は直感的にわかっていた。初めて口座を持った子どもはえてして、そこにたまるかもしれない金額を想像するというわなにはまる。あれを買って、これも買って、と欲しいものをいろいろ考えているとわくわくしてくる。だが、ATMへ行って実際の残高を知ったとたん、思い描いていた空中楼閣が崩れ去る。夢をすべてかなえるには金額が足りないこと、そしてお金がゆっくりとしかたまらないことを理解するのだ。一般には、ときどき残高を確認しては、買い物という夢と確認可能なデータという確かな証拠との折り合いをつけることを学んで、失意から立ち直っていく。

この教訓をまだ学んでいない文化、すなわち、観測と確認の可能なデータによる外部からの検証は必須とせず、数学的な美しさを理由に本質的に正しいと見なされるアイデアを唱える文化は、徐々に衰退するリスクをはらんでいそうに思われる。データを取得して理論的なアイデアに照らす作業は、われわれが幻覚を見ているわけではないことを確かめるリアリティーチェックだ。それに、この分野にとって何が重要かの再確認でもある。物理学は気分良く過ごすためのレクリエーション活動ではない。自然との対話であって、独白ではない。科学者にはその身を賭けて検証可能な予測をすることが求められており、そのためには間違うリスクを負わなければならない。

このソーシャルメディアの時代に科学全般、特に天体物理学は従来の謙虚さを取り戻す必要がある。難しくはないはずだ。実験データを集めて理論的なアイデアをふるいにかけるという作業をもっと優先しなければならない。データに導かれていれば心強いし、疑いの余地なき相応の報酬が期待される。若い科学者は、未来の世代の物理学者から筋違いと見なされそうな数学的路地裏に職業人生を賭けて入り込んだりせず、アイデアの価値を自分が生きているうちに検証して回収できる研究分野に目を向けるべきである。

地球外生命探しほどリスク報酬比の大きい研究分野はない。さらに言えば、通過時に蓄積されたわずか一一日分のデータからでも、オウムアムアについては含蓄に富み注目に値する証拠が得られており、その量たるや、今の天体物理学を席巻しているどの流行りの理論バブルについてよりもすでに多い。

新しいマッチ箱

子どもが見せる直感的な思考の飛躍には注目の価値がある。知的偏見やエゴにまみれた思い込みを抱える大勢の大人と比べ、子どもには格段にたやすいことだからだ。うちの二人の娘、ロテムとクリルは、父親がプロキシマ・ケンタウリのハビタブルゾーンにあるプロキシマｂの近くへスターチップを送り込もうとしていると知って好奇心がかきたてられ、その惑星が潮汐ロックされており、常に片側を恒星の側へ、もう片側を漆黒の虚空へ向けていることが予想されていると聞いて関心をさらに強めた。下の娘のロテムはしばらく考えたあと、それなら家が二軒要ると言った。一軒は寝るために永遠の夜側に、もう一軒は仕事と休暇のために永遠のサンセット大通り沿いにだ。

星間不動産を巡るロテムの想像を単なる空想と切り捨てるのは間違っている。物理法則との矛盾のない思考実験は発見に欠かせないもの、地球上や宇宙で私たちが直面している数多くのアノマリーの解決に向けた努力の手段である。凝り固まっていない子どもの思考からは、科学や人類を前進させる洞察が得られるかもしれない。他人のアイデアや直感に保守的な前提を押しつけることや、知的な用心を間違った理由でもてはやすことは、私たちが犯しうる最悪のレベルの過ちだ。

科学とは何と言っても学習体験であり、間違ったときでも謙虚でい続けると最もうまくいく。子どもがこの世界とぶつかりながらこの世界を把握していくのと同じだ。家具のとがった角もそうだが、初めて出くわすアノマリーが美しく見えることはめったにない。アノマリーは、知っていると思っていた事柄の誤りを証明し、当たり前だと思っていた説や信念と反対の立場を取り、推測にきれいに沿わせようとする試みに抗う。そういうときこそ、科学はイマジネーションよりも証拠を優先し、証拠の導く先がどこであれそれに従うべきである。

たとえば一九世紀の末、物理学者は熱せられた物体から放たれる光、すなわち「黒体放射」に絡んで妙なことに気がついた。黒体放射のスペクトルにはピークがあり、その波長は温度に依存する。物体が熱いほど、黒体放射のピーク波長は短くなる。恒星を思い浮かべてみよう。小さくて温度の低い矮星の色は赤、太陽のようなもう少し温度の高い恒星の輝きは黄色、大きさも温度も最高レベルの恒星の色はまばゆい青だ。物理学者には、高温におけるスペクトルのシフトを説明あるいは正確にモデル化することがどうしてもできないでいた。そこへ、マックス・プランクが一九〇〇年、物体はエネルギーを離散的な〝量子〟単位で吸収および放射すると提唱した。この革命的な洞察が、量子力学の誕生と現代物理学の時代の到来を告げた。

アルベルト・アインシュタインほどの天才さえ、量子世界の奇妙な性質、具体的には量子もつれ（エンタングルメント）と呼ばれる現象と量子非局所性――二個の粒子がどれだけ離れていても互いの関わり合いを維持するという不可思議な能力——という考え方に頭を悩ませた。アインシュタインはこの尋常ならざる発想と格闘した末、それを「不気味な遠隔作用」と呼んだ。近代の実験は彼がこの振る舞いを却下したのは間違いだったことを示しており、非局所性の理解が進むにつれて現実の性質がいっそう明らかになってきている。

科学はその根底において謙虚になることを、自然界の豊かさと多様性をすっかり解き明かすのに人類の想像力は力不足だと自覚することを求めている。それでも、謙虚さの求めへのふさわしい反応は感嘆の念を抱くこと、そして感嘆の念とともにより広い可能性に心を開きたいと強く望むことだ。

科学を営んでいると、このはざまで難しい決断を迫られることがよくある。選択はえてして科学者の力が直接及ばないところでなされ、それによって可能性のなかでも労力が振り向けられるものと遠ざけられるものが出てくる。たとえば、世界中で大型望遠鏡の数は着々と増えているが、その使用を求める天文学者の数に追いついていない。割当時間をめぐる需要の競合を裁くべく、機関や大学は委員会や資金提供機関を設けている。提出された申請をそこで承認したり優先順位をつけたりするわけだが、その際には委員会の専門家の知識のほかに彼らの偏見や予断が避けがたく反映される。前々からよく思っているのだが、どの意思決定グループも資源のいくらか——たとえば二割——を機械的にリスクの高いプロジェクトに割り振るべきだ。金融ポートフォリオの場合と同じで、分散投資は科学にも必要である。

ところが、大勢の研究者がこの理想から大きく遠のいている。とりわけ、若い頃の情熱が失われたあと、出世階段をのぼって終身在職権のある重職に就いたあとが顕著で、雇用の確保された立場を活かすどころか、学生やポスドクによるエコーチェンバーをつくって科学上の影響力や評判を増幅させている。栄誉は学究生活を表面的に飾る程度であるべきなのに、執着の対象になっていることがあまりに多い。人気投票は実直な科学研究とは無関係の話だ。科学的真理を定めるのは、ツイートに付いた〝いいね〟の数ではなく、証拠である。

若い科学者に言い聞かせるのが何より大変な教訓の一つに、真理の探究がコンセンサスの模索と相反しうることが挙げられる。そもそも、真理とコンセンサスを決して混同してはいけない。悲しいかな、この分野に入りたての頃はこの教訓をたやすく理解できるのだが、時が経つにつれて同業者からと求人市場の展望からの圧力に押されて安全策のほうへと傾いていく。

こうした圧力に屈しがちなのは天体物理学に限ったことではないが、宇宙にアノマリーがまだいくらでもあることを思うと、守りの姿勢の科学が明に暗に促されている現状には気がめいるし、気がかりにもなる。極端な主張に極端な証拠が必要とされる理由が私にはよくわからないが（証拠は証拠、ではないのか？）、極端な守りの姿勢でいれば極端に無知なままになると私は考える。言葉を換えれば、この分野に用心深い探偵はこれ以上要らない。

有望な若い研究者をかき集めるだけではなく、発見という本質的に予測のつかないものを次世代の科学者が育むことのできる環境を用意すること。研究の炎を絶やしたくないなら、これこそが古参の学者の責務だ。駆け出しの科学者はマッチ、彼らが身を置く環境はマッチ箱のようなものであり、新たな火を熾（おこ）すのに彼らが必要となっても、擦るのがマッチ箱のすり減った側なら誰の何の役にも立たない。学んで久しい職業上の教訓を一つ。新たな発見を促したいなら、新しいマッチ箱をつくるといい。

科学の進歩を妨げるもの

歴史上、科学の進歩は幾度となく滞ってきた。正統的な学説を打ち立て、擁護してきた門番役が、自分たちは答えをもうすべてわかっていると信じたからだった。だが言うまでもなく、ガリレオを自宅軟禁したところで、地球が太陽の周りを回っているという事実は変わらなかった。あれから数世紀、世界は一致してガリレオ説を支持しているが、あの逸話から学んだ教訓がこれだけなら、別の大事な洞察を学びそこねることにならないかと心配だ。私たちは、ガリレオと彼の口を封じた権威のどちらからも恩恵を受けている。前者を称えるだけでは不十分だ。後者に用心することも学ばなければならない。

二一世紀のテクノロジーの利器に囲まれている科学者は、みずからをガリレオの口を封じた男たち（全員男だった）ではなくガリレオの末裔だとイメージする。だが、これは都合のいいデータだけを選ぶにも似た過ちだ。私たちの文明は、科学の進歩の産物であるばかりか、さまざまな理由による進歩の遅れや立ち往生の産物でもある。私たちが今の立ち位置にいるのは、望遠鏡をのぞいた男女がいたからだけではなく、のぞくのを拒んだ男女がいたからでもあるのだ。

科学とは現在進行形の営みであり、科学知識の追究に決して終わりはない。だが、進歩が一直線に進むわけではなく、出くわした障害が人類みずから招いたものということもある。残念ながら、オウムアムアの事例に見られるように、高位の聖職者の、世俗の権威の、ときには早まった勝利宣言をして一連の研究は終結したと考える科学者の思い上がりから、終わりなき学びの体験に欠かせない謙虚さがときとして忘れられる。〝科学者の〟の例は枚挙に暇がない。いくつか事例を見ていくと、オウムアムアの証拠が支持するあらゆる仮説の可能性を閉ざすのが時期尚早かどうかが見えてくる。

たとえば一八九四年、アルバート・マイケルソンは、一九世紀後半における物理学の大躍進を概説したうえで、「とりわけ重要な基本原理の大半が確立され、すでに盤石となったようです。……ある著名な物理学者によれば、今後、物理学において新たな真実は小数第六位で探すことになります」と述べた。実際にはそれどころか、物理学にはそれから数十年で特殊相対論、一般相対論、量子力学が登場した。これらの理論は物理的な現実に対する理解に革命を起こし、マイケルソンの予測が誤っていたことを立証した。

同様に、一九〇九年八月、エドワード・チャールズ・ピッカリングは《ポピュラー・サイエンス・マンスリー》誌の論説で、望遠鏡は五〇～七〇インチ（およそ一三〇～一八〇センチ）という最適なサイズに達しており、さらに大口径の装置を建造する意味はほとんどないと主張した。「ほかの条件、なかでも気候、実施する作業、そして何より筒を操る人物に大きく左右される。戦艦の場合と違いはない。全長三〇〇メートルの艦船は一五〇メートルの艦船を必ずや仕留めるか？　われわれは望遠鏡の大きさのほぼ上限に達したようであり、次なる改善は別の方向性に求める必要がありそうだ」

ピッカリングが間違っていたことは言うまでもない。望遠鏡は口径が大きいほど光を多く集められ、ひいては宇宙のより遠くまで、より遠い過去まで見通せる。ピッカリングはハーバード大学天文台長を一八七七年から一九一九年まで務めており、この残念な発言は特に東海岸で大きな影響力を持った。そのせいで、アメリカではその後数十年、観測天文学の中心は西海岸へと移ることになった。

この移り変わりは一足飛びに起こったわけではない。一九〇八年一二月、ジョージ・エラリー・ヘールによってカリフォルニアのウィルソン山天文台に建造された六〇インチ望遠鏡が稼動を始めた。口径はピッカリングの言う最適範囲内だったが、ヘールの望遠鏡のほうが成果を上げるようになっても、ピッカリングと東海岸はのうのうとしていた。それに対し、わが道を行っていたヘールは違った。

ヘールはまもなく一〇〇インチ（約二・五メートル）の望遠鏡を建造した。その運用はウィルソン山で一九一七年に始まり、まもなくエドウィン・ハッブルとミルトン・ヒューメイソンによって宇宙が膨張していることの発見——二〇世紀になされた画期的な発見の一つ——に使われた。この一〇〇インチ望遠鏡が世界最大の光学望遠鏡だったが、一九四八年、口径がその二倍という望遠鏡の運用がカリフォルニアのパロマー山天文台で始まった。このパロマー二〇〇インチ（約五メートル）望遠鏡はその長きにわたる運用期間中、電波銀河や、クエーサーと呼ばれる類いの活動銀河核（超巨大ブラックホールに落ち込んでいくガスがエネルギー源）など、数多くの新光源の発見に貢献した。
　望遠鏡の大型化は今なお続いている。現在は一〇メートル級の装置が何台も稼動中のほか、二四・五メートル、三〇メートル、三九メートルという超大型望遠鏡三基が二〇二〇年代中の運用開始を目指している。こうした大口径によって前例のない角分解能が実現され、大きな集光面積によってこれまで無理だった暗い光源が検出可能となる。ピッカリングはその高慢さゆえに間違いを犯した。個人としてのではなく、専門家としての高慢さゆえに。自世代の科学者が観測し、理解し、関心を抱いた事柄が発見のピークだと彼は考えていた。科学という山を登ると偽りのピークに次々出会うことを理解していなかったのだ。（ちなみに、二四・五メートルにはハーバード大学天文台も参加しており、ピッカリングの時代に失われた評価をいくらか取り戻そうとしている）
　あいにく、こうした失態はピッカリングだけの話ではなく、科学史上で繰り返されている。一九二五年、セシリア・ペイン（後のセシリア・ペイン＝ガポーシュキン）は天文学で博士号を取得した初のハーバード大生となった（ただし、学位を公式に授与したのは女子大のラドクリフ・カレッジだった。当時のハーバード大学は博士号を女性に授与しなかったからである）。ペインは、太陽の大気はほとんど水素だという結論に達していた。それに対し、名高いプリンストン大学天文台長ヘンリー・ノリス・ラッセルが博士論文の審査において、太陽の組成が地球と違うはずはないと主張し、あの結論を論文の最終版に含めないようペインに勧告した。ところがその後、新たな観測データを分析して彼女の間違いを証明しようとしているうち、ラッセルはペインが正しかったことに気がついた。

高慢さによって発展が阻まれた事例はほかの分野にもあり、たとえば一九五〇年代半ばにはチャーリー・タウンズが強固な抵抗に遭っている。使われる分子固有の周波数で放射を増幅するとされていたメーザー（「誘導放射によるマイクロ波増幅」の略語）の実現可能性を彼が実証しようとしていたところ、一九五四年、二人のノーベル賞受賞者イジドール・イザーク・ラービとポリカプ・クッシュがコロンビア大学の研究室にやって来て、この装置は決して作動しないだろうからと、アンモニアを使った実験をやめるよう訴えたのだ。幸い、タウンズは初志を貫き、メーザーは原子時計の計時装置に採用されたほか、電波望遠鏡や深宇宙探査機通信で広く用いられた。タウンズは多くの科学者と協力してメーザーで先駆的な業績を上げ、それがレーザーの開発に直接つながった。

もっと最近の例を一つ。私は以前、海王星軌道の外側に帯状に分布する氷の天体、すなわちカイパーベルト天体（ＫＢＯ）を研究している著名な天文学者に、人工的な光であることを示唆するかもしれない明るさの変化をあのあたりで探しているかどうかを尋ねたことがある。彼は観測するという発想そのものを一笑に付した。「どうしてまた？　見るべきものは何もありませんよ」

重鎮らは当初、ＫＢＯは想像上の構造だと見なしていた。言うまでもないが冥王星は例外で、クライド・トンボーによって一九三〇年に発見されたこの最大のＫＢＯは惑星の一つと考えられていた。だがそれから五〇年以上が経っても、ＵＣＬＡの天文学者デヴィッド・ジューイットはＫＢＯを探すための望遠鏡の観測時間も予算も獲得できず、研究をほかのプロジェクトと抱き合わせにしていた。彼とジェーン・ルーが一九九二年にようやく、ハワイのマウナケア山頂にある八八インチ（約二・二メートル）望遠鏡を使って、冥王星以外のＫＢＯを初めて発見した。

どの事例でも飛躍的な前進が妨げられていたが、その原因は使えるテクノロジーがなかったからでも、想像力に富む好奇心がなかったからでも、検証可能なデータが入手不可能だったからでもない。影響力のある門番役の、えてして善意による高慢さだった。史上最大の望遠鏡の驚異とそれによって開かれる可能性の世界は今でこそもてはやされているが、科学者がこうした発見を何年も、何世代も前に成し遂げていたら今頃どうなっていただろうか？

市民に開かれた科学へ

科学者の多くがみずからを抜きん出た存在だと、何かしらのエリート知識層の一員だと思っている。意識してにせよ無意識にせよ、彼らはみずからを市民と区別したがる。こうした考え方が少なくとも一因となって、私の知る科学者が大勢、発見はある程度確定してから市民に伝えるべきだと主張する。開始と中止と行き詰まりに満ちた、科学の泥臭い現実が知れたら、どのような結果も暫定的と受け取られるか疑問視されるだろうというのだ。人類が地球の気候に及ぼしている影響や、人類を含めた地球上の全生命のともすると破滅的な行く末など、重要な科学的コンセンサスが軒並あっさり無視されはしないかと心配する科学者もいる。この差し控え戦略には、科学者が実際よりも賢く見えるという御利益や、外野からの批評を抑えられるという魅力もある。

だが、このアプローチは間違っている。市民に情報を伝え続けることはわれわれ科学者の義務であり、その理由は科学研究の多くが税金で賄われているからだけではない。科学の進歩について詳しい情報を提供されて熱心な関心を寄せる市民は、最難関の課題に対して財政支援のほかに、最たる賢人である子どもの関心や努力を向けさせる。その意味で、何がわかっており何がわかっていないかをもっとオープンにすることは、長い目で見て科学者への信頼を高める。それに、最後の最後になるまで市民を締め出していると不信感を抱かれかねない。われわれが直面しているアノマリーは科学者だけのものではなく人類全体のものであり、医療の進歩の場合と同様、突破口が開ければ誰もがその恩恵を受けられる。われわれは現在進行形の営みを世に見せるべきだ。決定的な証拠がないせいで不確実な点が多く、さまざまな解釈が競合しているならなおのこと。みずからの発見に驚かされることがいかに多いか、誰にもわかるようにすべきである。

また、ＳＥＴＩへの関心を示す学部生を学界が概して軽蔑してきたことで、院生の関心にぞっとするような悪影響が及んできた。とある推定によると、見るからにＳＥＴＩ関連というテーマで博士課程を修了した学者は世界中に八人しかいない。だが、この状況はいくぶん変わりつつありそうだ。本書の執筆時点で、ＳＥＴＩ関連のテーマで博士号を取得しそうな院生が七人いる。[3] われわれは次世代の天文学者にどのようなことを問うよう、ひいてはどのようなデータを求めてどのような実験をするよう促すべきだろうか？　あえて注目しようということになれば、やはりオウムアムアが背中を押す。星間空間を行き交う技術装置というのも観測対象として奇想天外かもしれないが、それができるほど感度の高い装置を開発するまでは注目すらできない。

本書ではときおり地球外生命探しを——ユーリ・ミルナーのおかげで——科学研究における究極のベンチャーキャピタル投資として扱ってきた。投資と同様、どのような研究手法にもリスクがある。ＳＥＴＩの場合、宇宙という干し草の山で探している針の特性について、手掛かりはほとんど得られていないが、針が何かしら見つかったときの報酬は多大だ。投資に対するこの見返りによって、視野の狭いほかの科学的関心の影はすっかり薄くなるだろう。私たちだけではないと知るだけで、私たちが獲得しうる知識はもちろん、人類そのものが大きく変わるだろう。

重鎮から奇異と見なされるアイデアの擁護は、特に若い科学者にとって難しい場合があり、それは私も承知している。その私はと言えば、今や職はすっかり安定しているし、もともと——少なくとも小学一年の登校初日まではさかのぼれる——他人の承認を求める気がない。それでも、公益の向上に資するための各人の持ち時間や人生のはかなさを強く意識させられていなかったら、オウムアムアが異星人のライトセイルだという仮説に向かって突き進む——あるいはこの仮説が含意している可能性を探る——心の準備はできていなかったかもしれない。その意味で、宇宙に関する私の研究は全部ではないにしろ一部はほめられたものではなかった。

8　広　大

ホームズの視点

シャーロック・ホームズの小説を読んでいる最中、私たちはホームズの視点を忘れやすい。彼にとってはどの事件も、何と言うか、数あるなかの一つにすぎない。そして、「ほかの要素をすべて排除するんだ。そこで残ったものが真実に違いない」というホームズの考察は、『四つの署名』、「緑柱石の宝冠」、「プライオリ・スクール」、「蒼白の兵士」のどれに出てくる台詞であれ、彼の推理の流儀を言い表している。

この点について、生産性の高い天体物理学者と架空の探偵に違いはない。アノマリーはどれ一つとして同じではないが、その解明を試みるプロセスは同じである。

「ほかの要素をすべて排除するんだ」とホームズは命ずる。実はオウムアムアの起源と目的という問いについては要素がまだほかにもある。それはオウムアムアそのものとは無関係で、オウムアムアが巡っている宇宙に、私たちの知る何よりも古く広い宇宙に関係している。その古さと広さが、オウムアムアを巡るまた別の謎をひもとく手掛かりかもしれないのだ。

天の川を見上げて

オウムアムア発見の一〇年前、家族と休暇でオーストラリアのタスマニア島中央部の高地にあるクレイドルマウンテンに滞在していたある晩、私は夕食後に外へ出て空を見上げた。文明のハブから遠く離れていたので、世界中であまたの裏庭からの眺めを台無しにしている例の光害はなかった。私は澄み切った夜空に見入った。

それはもう圧倒的だった。天の川が無数の星を連ねて頭上の夜空を横切っている。その脇には大マゼラン雲が見えており、最も近い銀河であるアンドロメダも月ほどの大きさで虹色にまたたいている。私がこの光景に至福の喜びを感じた理由の一つは、この眺めが永遠ではないとわかっているからだ。そうと確かめられるまで人類が生き延びるかどうかは誰にもわからないが、私たちが今夜見上げて目にする光景が私たち同様永遠ではないことは確実である。

この頃の私は、宇宙のはかなさにことのほか敏感だった。その数年前には、天の川とアンドロメダという二つの姉妹銀河がやがて迎える衝突をシミュレーションするというアイデアの原形を思いついていた。宇宙の加速膨張によって天の川銀河が虚空に取り残されることをいくつかの論文で示して以降、この宇宙の遠い未来にとりわけ興味をそそられていた。宇宙が今の一〇倍年を取った頃、遠い銀河はどれも私たちから光速よりも速く引き離されており、人類には自分たちのいる銀河の星しか観測できないだろう。その頃、天の川はどのような形になるだろうか？　夜空の見た目が一変しているのは当然として、アンドロメダとの大衝突によって、太陽は合体した銀河の辺縁へと追いやられて新たな居場所に落ち着いており、そこで一〇兆年を過ごすが、やがてプロキシマ・ケンタウリのような最も暗くて最も多い矮星も含めてすべての恒星の光が消えていく。私はポスドクのT・J・コックスを説得し、この未来の衝突をシミュレーションした。そして二〇〇八年に二人の共著論文で、私たちが目にする夜空は太陽の死よりもかなり前の数十億年以内に変化し、天の川（ミルキーウェイ）とアンドロメダの恒星が混ざってアメフトボール形の新たな銀河ができると予想されることを報告した。われわれはその銀河を「ミルコメダ」と名付けた。

あのタスマニアでの夜、論文にした二つの銀河をこの目で見られて感慨ひとしおだった。天の川とアンドロメダは輝く光の滝のごとく夜空にまたたいていた。あれほどはっきり見えたからか、その中でのわが身の位置をいつになく鋭敏に感じた。天文学にはこんなご褒美も用意されている。それに比べ、素粒子物理学者にヒッグス粒子をその目で見られるという特権はない。

ただ、あの晩私の思考を占領していたのは、遠い未来に起こる天の川銀河の変容だけではなかった。この頭の中を何より占めていたのは、第一世代の恒星や銀河は原始の宇宙でいかにして輝きだしたのか、言ってみれば宇宙の創世記の科学的詳細だった。

宇宙の夜明けは、私が天体物理学者として最初に好奇心をそそられたテーマだった。関心を抱きだしたのはプリンストンにいた頃で、その後ますます気になっていった。やがて、この謎に関する研究が別の研究に影響を及ぼし、この宇宙の歴史についてのみならず、この宇宙を私たちと共有していたかもしれない文明についても、私の考えを形作っていった。

私が何年も前にタスマニアでやったように澄み切った夜空を見上げれば、天の川に数え切れないほどある太陽のような星が、宇宙を航行する巨大宇宙船のメインキャビンの光にも見えてくるだろう。いくつかの光の横には乗客がいる。オウムアムアとの束の間の遭遇から、私たちはその乗客について何を学べるだろう？　さらに言えば、私たち自身については？

宇宙の時間スケールで考える

宇宙誕生の瞬間であるビッグバンは、一三八億年ほど前に起こったと推定されている。宇宙の最初期に関しては啓示的とも言える見事な研究をもとに理論が生まれ、データが得られ、予測が確認されてきており、誕生から数十万年後にすべてが暗闇に包まれた、といった事柄について広く見解の一致が見られている。この暗黒時代を終わらせたのが最初の恒星の誕生だ。

それはいかにして存在するに至ったのか？　私は一九九三年にハーバード大学に移ると、院生のゾルタン・ハイマンとポスドクのアン・ソールと一緒に、その形成を説明する理論に取り

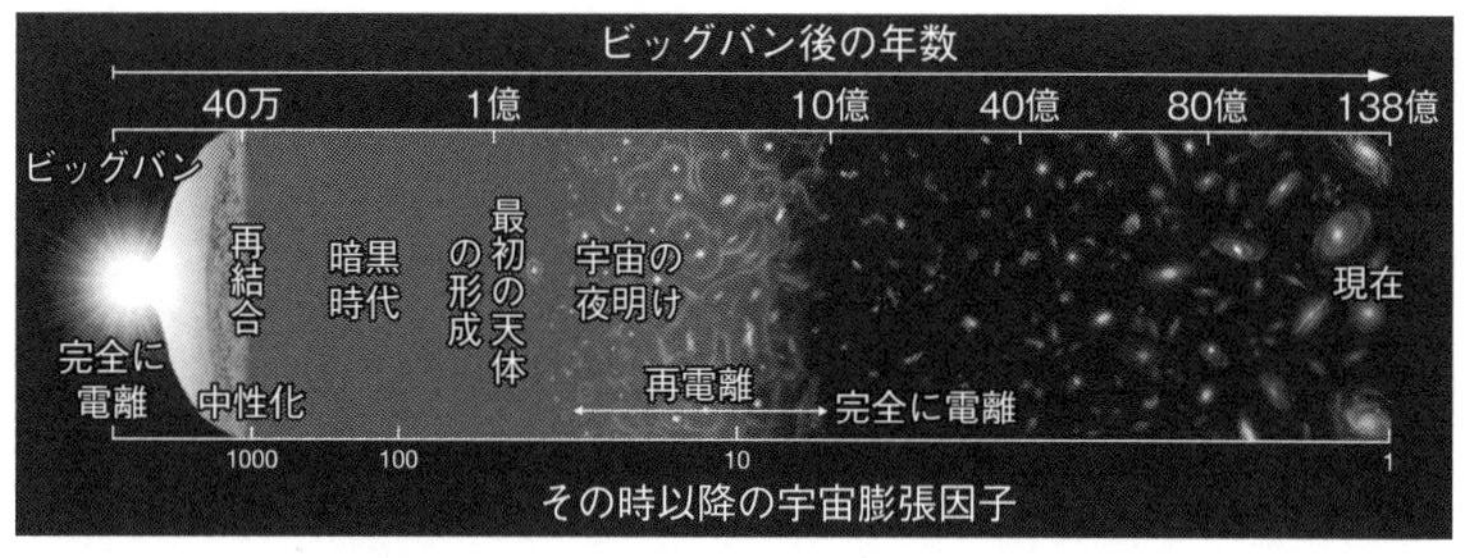

宇宙史の年表。太陽系の形成はわずか46億年前と比較的あとのほうである。近代テクノロジーが地球上に出現したのは前世紀、すなわち0.000001億年前だ。私たちが最新の望遠鏡テクノロジーを開発して検出できるようになる前に、文明がすでにいくつも現れては消えていたかもしれない。Image by Mapping Specialists, Ltd.

組んだ。

ビッグバンに続いて急速に膨張する宇宙において、物質はおおよそ均等に広がった。おおよそ、というところが重要だ。そのおかげで宇宙は場所によって平均よりもごくわずかに高い密度から出発したとわれわれは考えた。「ごくわずか」と言っても、密度が一〇万分の一高いという程度である。だが、この程度の擾乱（じょうらん）で十分だった。重力が物質を引き寄せてそうした領域の密度をどんどん高め、ほぼ水素原子でできたガス雲が形成されだした。

私たちの研究チームは紙と鉛筆で取り組んでアイデアをモデル化したが、高性能のコンピューターハードウェアなしにはそれ以上先へ進めない段階に達した。この検討を当時イェール大学の院生だったヴォルカー・ブロムが引き継ぎ、彼をはじめとする理論家がここ二〇年で、われわれが大筋を考えた恒星誕生のプロセスによって最初の銀河が出現しうることを確かめた。モデルにも理論にも価値はあるが、やはりそれらを証明するデータは欠かせない。私は理論的に予測されるガス雲をぜひとも目にしたい。それはつまり、できておよそ一三〇億年になる証拠を探すということだ。

天体物理学者という探偵は、宇宙が見せる途方もないスケールに直面して圧倒されることもある。だが、ほかのどの学問分野にも望めない強みを一つ持っている。時間をさかのぼれることだ。

光の速さは有限なので、遠くを見るほど時間をさかのぼることになる。宇宙はどこも似たような条件下にあったので、深宇宙を見ることで自分たちのいる宇宙の過去を見られる。そのうえ、遠くの宇宙になるほど昔の天体が見えてくる。プロキシマ・ケンタウリのような四光年先の恒星の場合、見えているのはその四年前の姿である。ということは、望遠鏡を向けている銀河の位置が、その光が放たれたときに一三〇億光年かなただったなら、目にしているのは一三〇億年前の宇宙だ。宇宙の「暗黒時代」と呼ばれる、はるか昔に最初の星を生むガス雲が集まってきたところをのぞき見る。これは科学上の難題だ。それに、想像を絶するほど長い宇宙時間スケールで検討しなければならない。今日の人類は平均して七三年ほど生きる。一三〇億年前の宇宙に初めて灯った光を目にしたのであれば、人生を一億八〇〇〇万回ほど生きていたはずとなる——地球ができてまだ四五億年、その地球が生命を支えてまだ三八億年と考えられていることをふまえると、何ともおかしな話だ。

宇宙について研究する天体物理学者は、宇宙の物理的な計り知れなさとも顔を突き合わせる。

私たちが目にすることができるのは、宇宙史の昔に放たれた光だ。宇宙は私たちを中心とする発掘現場のようなものであり、深く掘るほど昔の地層が露わになる。このような形で宇宙史を示すと、光が進むのに一三八億年かかるビッグバンの位置が、こちらから見通せる球体の球殻をなす。その向こう側を発した光は届くのに宇宙の年齢よりも長くかかるので、一三八億光年よりも遠い領域はこちらからは見えない。

かくも広大な宇宙で私たちは唯一の知性だと決めてかかるなど、実に高慢だ。無数にあるほかの惑星には私たちの知る生命や知らない生命がいるかもしれないが、私たちは今を生きるどこかの文明と関係を結ぶよりも先に、地球外テクノロジーの残骸に遭遇するだろう。オウムアムアのような恒星間天体の不可思議な特徴の説明を考える際には、このことを念頭に置くべきである。

二一センチ放射という手掛かり

宇宙の夜明けに関する私の研究は、のちに「二一センチ宇宙論」と呼ばれる新たな研究分野の創設に貢献した。これは電波天文学の一分野で、水素原子が放つ電波を用いて宇宙の三次元地図をつくる。当初二一センチだった波長は、その後宇宙が膨張して引き伸ばされている。覚えておられるだろうか。これは人類がテレビ、ラジオ、携帯電話、コンピューターなどのノイズで埋め尽くしているのと同じ電波帯だ。だからこそマティアス・ザルダリアガと私は、ほかの進んだ文明もそうしたノイズを放つだろうかと思案を巡らせたのだ。だが、私は当初二一センチ放射に、文明が出現しうる時期よりもはるか昔まで時間をさかのぼる手段として関心を抱いていた。あの頃の私が天体物理学者として追いかけていたのは、異星人ではなく水素だった。

ビッグバン後の宇宙において、水素は飛び抜けて豊富な元素だった。初期の宇宙はおよそ九二パーセントが水素原子、およそ八パーセントがヘリウム原子だった。だが、この頃の宇宙にあった水素は今のわれわれに検出できる電波を出していなかった。ビッグバン直後の灼熱の余韻のなか、宇宙にあった通常物質の大部分を占めていた水素は電離（イオン化）していたからだ。

中性水素原子は陽子一個と電子一個でできているが、強力な紫外線の飛び交う高温下では壊れ（電離し）、水素原子は電子を手放して、正電荷を持つ陽子として単独で存在する。これにより、水素の振る舞いが変わる——正確に言うと、水素が放つ電波信号の種類が変わる。中性水素原子に拘束されている電子は、高低二つのエネルギー準位間を遷移でき、その際に光の粒である光子を波長二一センチの電波という形で放つ。だが電離した水素にはそれができない。

ビッグバンからおよそ三八万年後、宇宙は電子と陽子が結合して中性水素になれるまで冷えたので、私たちはこの元素の明らかな証拠となる波長二一センチの電波を探せる。それから数億年、水素原子が中性のまま高低のエネルギー準位間を行き来するうち、やがて恒星が、続いて銀河ができると、宇宙の水素は再びすっかり電離した。

恒星が放つのは可視光だけではない。紫外線も放ち、これが水素原子をその構成要素である電子と陽子に分裂させる。輝き始めた最初の恒星は、宇宙の中性水素原子を再び電離させた。一瞬にしてではなく長い時間をかけてだったが、初期の恒星やブラックホールから放たれた紫外線が宇宙の黒い霧だった中性水素を陽子と電子に分裂させたのだ。いずれにしても、宇宙の組成に起こったこの変化によって、探すべきデータが天体物理学者にもたらされた。二一センチ放射の欠落である。中性水素原子とは違って、電離した水素原子はこの電波信号を放たない。よって、二一センチ放射という信号が消えたときが恒星誕生のときだ。吠えなかった犬が鍵を握っていたシャーロック・ホームズの有名な事件と同様、この科学ミステリーは二一センチ放射を発しなくなった水素の話となったのである。

本書の執筆時点では、恒星が輝きだした時期の正確な特定に役立ちそうなデータの探索が行われている。南アフリカにHERA（Hydrogen Epoch of Reionization Array〔「水素再電離期アレイ」の意〕）と呼ばれるアンテナ群があり、初期の宇宙で放たれた二一センチ放射を測定中だ。近年ではハッブル宇宙望遠鏡が、ビッグバンのわずか三億八〇〇〇万年後に光りだした銀河を確認している。そして、ずいぶん前になるが私も初代の科学諮問委員の一人だった、二〇二一年に打ち上げ予定のジェイムズ・ウェッブ宇宙望遠鏡には、さらに初期の銀河を発見できる性能がある。加えて、口径二四・五メートルの巨大マゼラン望遠鏡、三〇メートル望遠鏡、口径三九メートルの欧州超大型望遠鏡などが建設中だ。

こうした取り組みからデータが得られ始めたばかりだが、これに伴い、恒星が輝きだすメカニズムの説明のふるい落としも始まった。答えが出たとき、それは広大な宇宙のどこかに私たち以外の知性が存在するのかという問いに直接関わってくる。オウムアムアが異星人のテクノロジーであれば、その設計者も同じ宇宙の薄暗い過去について調べ、電離水素と中性水素から意味を引き出していたことはほぼ確実だ。自分のいる恒星系の近隣や星間空間を探査するほどの好奇心を持ち合わせているということは、その定義からして、宇宙に――どのような性質なのか、その過去を説明しているものは何か、その未来を予言しているものは何かに――好奇心を抱いているということだ。これは、私たち自身の好奇心と振る舞いは地球外生命の好奇心と振る舞いにとっての最高の目安、というだけのことではない。科学的洞察とは地球外の知性を理解するため、うまくいけば彼らとコミュニケーションを図るために必要な共通言語、ということでもある。それに、科学は私たちが束の間にでも部分的にでも発見した事柄を理解する手段ともなる。私たちにつくれるようなら、知性がどこかほかにもいれば同じことをしていた可能性が高いのだから。

9　フィルター

考えられる解釈

ライトセイル仮説が正しいとすると、考えられる解釈が二つある。一つは、オウムアムアの作り手は内太陽系〔小惑星帯あたりまでの範囲〕を意図的に狙ったというもの、もう一つは、オウムアムアは私たちが（あるいは私たちに）偶然出くわした宇宙ごみというものだ。オウムアムアをつくった文明が現存しているかどうかにかかわらず、どちらの解釈も大いにありうる。だが、宇宙と文明についての知見をふまえると、どちらの解釈が正しそうか、そして正しそうな解釈には私たちやオウムアムアをつくった誰か（ないし何か）についてどのような含みがあるかを考えていける。

宇宙ごみという発想には、小惑星／彗星仮説と重要な類似点がある。オウムアムアは途方もない数存在する同じような物体の一つ、という話になることだ。夜空に望遠鏡を向けたまさにそのとき、たまたま一つが視野を横切る。そんな状況が想像できるようになるには、銀河系のどの星も星間空間にそうした何かを平均一〇〇〇兆個送り出さなければならない。これは、銀河系にあるすべての惑星系で打ち上げが五分に一回なされている計算になるうえ、すべての文明が一三〇億歳という銀河系の年齢と同じだけ存続していることが前提となり、どう考えてもありえない。

文明がおびただしい数の何かをつくれるようになるという発想は、惑星の形成と外縁雲からの物質放出とで十分な量の岩体が生成されると考えるどの臆測よりもさらに非現実的に思える。そう批判的な向きは言う。宇宙をあの密度の宇宙ごみで埋めるには、かなりの数の文明がかなりの時間をかけてかなりの量の物質を放出する必要があろう。だが、物質産生の背後に知性を想定すると、物質がランダムに分布している必要はなくなる。私たちにしても、五機の星間ロケットをでたらめな軌道で送り出したわけではない。目指す星を科学者が定めており、ほかの知性も同じことをすると予想できる。

また、私たちの星間探査機がわずか五機だからといって、星間宇宙船をまれで貴重なものと想像するわなにはまらないようにすべきだ。人類が星間空間に物質をまれにしか送り出していないことからすれば、ここまで説明してきた仮説ほどの密度は何とも不合理に思えるだろう。

だが、同僚と私がユーリ・ミルナーに提案したスターショット計画においてスターチップに見込まれている発射ペースを考えると、このシナリオの不合理さはいくらか緩和されそうだ。私たちの推定では、適切な出力のレーザーを建造して宇宙空間に打ち上げる投資が済めば、何万どころか何百万というスターチップを星間空間へ送り出すのにかかる相対費用が指数的に下がる。

それより、おびただしい数の星間宇宙船が存在するという先ほどのシナリオは、ペットボトルの話に立ち戻るとかなりそれらしく思えるのではなかろうか。

宇宙ごみという可能性

現在、米国宇宙監視ネットワークが地球の周りを回る人工物を追跡しているのだが、対象の数は一万三〇〇〇を超えている。ここには、国際宇宙ステーション（ＩＳＳ）や使われなくなった人工衛星、ハッブルのような軌道望遠鏡や切り離されたロケットの一部、さらには宇宙飛行士が置き去りにしたボルトやナットまで、何でも含まれている。人類が五〇年かけて打ち上げてきたおよそ二五〇〇基の人工衛星も対象だ。

地球の公転面に物を送り出す営みは、このわずかな期間中に宇宙ごみが問題になるほどになってきた。たとえば二〇〇九年、運用を終えていたロシアのコスモス２２５１と運用中だったアメリカのイリジウム３３が、シベリア上空で時速およそ三万六〇〇〇キロで衝突した。すぐさまデブリの雲ができ、衝突のリスクがいっそう高まった。これは人工衛星どうしの衝突として知られている初の事例であり、地球の周りを回るジャンクの増加による危険を浮き彫りにしている。
衝突の脅威は年を追うごとに着実に高まっている。理由の一つは、宇宙を新たな紛争の最前線と見る国が増える一方であることだ。一〇年以上前には、中国が自国の気象衛星「風雲1C」を破壊して、対衛星ミサイルテクノロジーの成功を誇示している。インドも同じようなことを二〇一九年に実施し、宇宙デブリをもう四〇〇個ほど増やした。その結果どうなったか？ＩＳＳの衝突リスクが一〇日で四四パーセント上がった。ＩＳＳが危険回避できるように設計されているわけである――必要な警告を受けられることが前提だが。

人類のしていることは、ほかの文明がしそうなことの予測に役立つ。ほかの文明の振る舞いやその成り行きを想像するうえで、私たちは今なお最高のデータセットだ。それをふまえて考えてみよう。今後二〇〇年についてのあるコンピューターシミュレーションによると、私たちの活動によって差し渡し二〇センチ以上の宇宙ごみの量が一・五倍に増えると予想されている。もっと小さいごみはもっと増えるというし、一〇センチ未満の物体の数は一三～二〇倍増えるとされている。

宇宙をジャンクで埋めるペースは、悲しいかな、人類による地球上の居住地の扱いと連動している。二〇一八年、世界銀行が廃棄物管理に関して『ホワット・ア・ウェイスト2・0』と題した報告書を発行し、そのなかで、世界では固形廃棄物が年間二〇・一億トン生み出されていると推定しているほか、この数字が二〇五〇年までに三四億トンにまで増えかねないと予測している。[1]米国環境保護庁による二〇一七年の見積もりによれば、平均的なアメリカ人は固形廃棄物を二キロほど毎日排出しているが、そんな米国も最大の排出国とはほど遠い。温室効果ガスの大半を生成しているのはアメリカと中国だが、固形廃棄物を生み出しているのは低所得国で、その原因は経済的な理由から適切に廃棄できないことである。

言うまでもなく、地球にすれば世界の固形廃棄物の出どころは関係ない。その大半が海にたどり着く。

急速に増えている廃棄物の一つが、新型モデルへの買い替えに伴って廃棄されたノートPC、携帯電話、家電製品などのE‐waste（廃電気電子機器）だ。二〇一七年に国連が発表した『グローバルE‐wasteモニター2020』によると、世界はその前年に推定四四七〇万トンのE‐wasteを排出した。また、二〇二一年にはその数字が五二二〇万トンにのぼると見積もられている。

私たちの文明の振る舞いはここでも、オウムアムアの出自を考える際に考慮できる証拠データとなる。オウムアムアは稼動中の探査機でも機能を停止したブイでもなく、どこかの文明の機能停止した、あるいはもしかすると破棄されたテクノロジーだと想定するなら、その文明は私たちがすぐさまわが身を重ねられるような活動をしていたと、具体的には私たち同様、技術的なものかどうかを問わず物を無駄に生産し、私たち同様、不要になると平気で捨てていたということになる。私たちが物を星間空間に捨てられるほどの技術レベルにまだないからと言って、星間のご近所がそうしたかもしれない、それどころか実際にそうした、という可能性に目をつぶるべきではない。

固形物のごみと温室効果ガスという形で排出されているごみはどちらも、オウムアムアはなぜ宇宙ごみとして宇宙を漂うはめになったのか、その答えを示唆している点で有用なアナロジーとなっている。なにしろ、この分野の先駆的な物理学者たち——宇宙の先進文明からの信号が発見される可能性を定量化した式で有名なフランク・ドレイクなど——が示したある所見によれば、これまで存在してきた技術文明の大半が今では死滅しているかもしれないのだ。

フェルミのパラドックス

エンリコ・フェルミは二〇世紀物理学の巨人に数えられている。その業績としては、世界初の原子炉を開発したことのほか、マンハッタン計画と初となる原子爆弾の開発で重要な役割を果たしたことが挙げられ、第二次大戦末期における日本との戦争の早期終結にいくらか貢献したと言える立場にある。

その名高い科学者人生の末期に差し掛かった頃、フェルミは同僚との昼食中に単純にして興味深い問いを投げかけた。宇宙の途方もない広さをふまえると、地球外生命が存在する可能性は高そうなのに、地球の生命以外に確かな証拠はない。このパラドックスをどう説明するか？生命が宇宙にありふれているなら「みんなどこにいるんだ？」と彼は問いかけた。

以来、さまざまな答えが考えられてきた。なかでも目を引く一つが、オウムアムアについて明らかにされてきた謎とその私たちにとっての意味合いに直接関わっている。

一九九八年、経済学者のロビン・ハンソンが「グレートフィルター――われわれは突破しかけているのか?」と題した小論を発表し、フェルミのパラドックスへの答えとしてこう主張した。宇宙のどこにいる文明についても、その技術的進歩からは圧倒的に自滅が予言されるのかもしれない。文明の技術的進歩が私たちとまさに同じ段階、すなわちその存在を示す信号を宇宙のほかの文明に向けて発信したり、ほかの星へと探査機を送り出したりできる段階に達したときとは、気候変動か、核兵器、生物兵器、化学兵器による戦争かを問わず、自滅するに足るほど技術が成熟したときでもある。

ハンソンの思考実験にはそれなりに現実味があり、私たちは彼があの小論のタイトルに掲げた〝人類文明はみずからのフィルターに近づいているのか?〟について考えたほうがよさそうだ。

フェルミの示したパラドックスの答えがフェルミ本人なのだとしたら、それは少なからぬ皮肉と言えよう。なにしろ、人類は七〇年以上前にフェルミの貢献もあって核兵器を開発している。だが、核兵器がなかったとしても、私たちは気候を恒久的に変えるという形で自滅に向かっている。抗生物質耐性の増加も脅威で、その数ある要因には工業型の農業や畜産において抗生物質がおおむね無計画に用いられていることが確実に含まれている。パンデミックも脅威であり、私たちが地球の生態系を工業化で痛めつけているせいで、拡大のスピードは速まっているし、たちも悪くなっている。

油断していると、私たちの文明にとって向こう数世紀が最後の数世紀となることも十分ありうる。そうなれば、私たちが宇宙に放ってきた電波——人類がわずか一世紀ほど前につくり始めた外へと膨らむノイズの泡——や、私たちが打ち上げてきた五機の星間探査機は、地球上の恐竜の骨と同様、かつて猛威を振るったがもはや他文明の考古学者の資料でしかなくなった何かの証拠と化す可能性が高い。

グレートフィルターはたとえばどのように働くものなのか、それを理解するのに遠くを見る必要はない。人類の大量死というスモールフィルターと近代史におけるその背景が有用なデータとなっている。

父の一族は七〇〇年にわたってドイツの地に根ざしていた。祖父のアルベルト・ローブは第一次大戦で勇敢に戦い、一九一六年のヴェルダンの戦いを生き延びた。同大戦で最も長期化したこの戦いだけで、ドイツ兵の総死者三〇万五〇〇〇人のうち一四万三〇〇〇人が命を落としたと推定されている。この戦争全体で死傷兵の数は一五〇〇万〜一九〇〇万人と言われており、民間人の犠牲者を加えるとその数は四〇〇〇万人にのぼる。

祖父は大戦中に騎兵隊で功績を挙げて受勲していたが、その勲章は十数年でほぼ無意味になっていた。祖父の一族が暮らしていた今のヴァルデック市のネッツェ市区で、一九三三年に街の集会が開かれたとき、ナチ党の党員が国内のユダヤ人はドイツの資源を使い尽くしていると声高に主張した。祖父は立ち上がると、その党員に面と向かってこう言った。「よくもそんなことが言えますねえ、あなたは共産党員として大戦の徴兵を個人的に回避していたのに。私はドイツ軍の前線で闘ってましたがね」。その党員はこう返した。「私たちは皆あなたの愛国的な貢献を知っていますよ、ローブさん。私が言っていたのはほかのユダヤ人のことです」。だが、ドイツにおいて、そしてヨーロッパの大部分においても、冷酷な反ユダヤ主義の潮流が高まっていたのは明らかだった。

公の場におけるこのやり取りのあと、祖父はドイツを離れる決意を固めた。そして勲章を捨て、一九三六年に当時のイギリス領パレスチナ、今のイスラエルの地へ移住した。祖父以外の一族は、まだ様子見で大丈夫だと信じ、最後の列車で出国できるという考えを持ち続けて、ドイツにとどまった。不幸なことに、彼らの乗った頃の出国列車は別の地へと向かい、残っていた一族六五人全員がホロコーストで命を落とした。

祖父アルベルトが一〇〇年前に持っていた懐中時計を、私はその勇気と高潔さの形見として今なお手元に残している。刻まれているイニシャルは私と同じで、それもある種のリマインダーになっている。私たちを今に至らしめた因果の鎖は本当に細い。

グレートフィルター

オウムアムアの謎は、二〇一七年一月に父が亡くなってしばらくして始まり、母の健康の悪化と並行して展開した。母は二〇一八年の夏にがんと診断され、二〇一九年の一月に他界した。

父のダヴィドは、天文学者として私が研究している青い空のもと、父が愛し、それに応えて父を愛した人々に囲まれ、父が日々水をやっていた果樹園の近所、そのいかつい手で建てられ私が育った家の近くで、父が生涯木々を植えていた大地と同じ赤土の下に埋葬された。また、私を哲学者のごとく思索する道へと導き、私が長じてからも毎日のように話をし、そして何より精神生活という贈り物を私に授けた母のサラは、その二年後に父の傍らに埋葬された。

天文学では、物質が時間とともに新たな形態を取っていくことが知られている。私たちを形成する物質は、爆発した巨星の中心部でつくられた。それらが集まってできた地球が育む植物を食べて私たちは生きている。では、宇宙史におけるほんの一瞬、いくらもある惑星の一つの表面に、ごくわずかな物質でつくられたはかない物体、というだけの存在ではないなら私たちはいったい何なのか？　私たちは取るに足らない。宇宙があまりに広大だからというだけではなく、私たちがそもそもあまりに小さいからだ。私たちは誰もが現れてはすぐ消えるかりそめの構造体であり、その存在はほかのかりそめの構造体の精神に記録として残る。それだけである。

両親の死からは、人生に関するこうした根本的な真実を思い知らされた。私たちがここにいる時間は短く、それゆえ自分を偽る行いは避けるべきだ。常に、誠実であれ、本当の自分たれ、大志を抱け。各人に与えられた時間も含めて、制約があるからこそ謙虚たれ。そして、私たちの命の終わりを象徴するスモールフィルターをもとに、私たちの文明の終焉を象徴するハンソンのグレートフィルターがいかに深刻なものかを理解するのだ。配慮と勤勉さ、そして実践的知性が不十分なときの人類が、同胞の人生を終わらせることを何とも思わないのは実証済みである。

オウムアムアから学べるさまざまな教訓のなかでも何より重要なのが、戦争や環境悪化のようなスモールフィルターをグレートフィルターに成長させてはいけない、という教訓かもしれない。私たちはみずからの文明を存続させるべく、配慮と勤勉さ、そして実践的知性をもっと発揮しなければならない。私たちがみずからを救うにはそうするしかない。

私は兵役中、歩兵訓練で〝その身を有刺鉄線の上に横たえる〟という標語を教わった。極限的な状況に直面したとき、兵士はあえて有刺鉄線の上に身を横たえ、仲間が自分の体を使って安全に渡れるようにしなければならないことがある。自分の体験が兵士のそうした自己犠牲に当たっているなどと偉ぶるつもりはない。だが、グレートフィルターのようなぞっとするものを、さらには自分の番になって人類共通の理想のために身を挺してきた先人の影を思うにつけ、あの標語のイメージは私を奮起させる。

今存在して地球に縛られている人類文明と、未来に存在して星間を行き来しているかもしれない前途有望な人類文明とを結ぶ細い糸は、守りの姿勢による慎重な行動ではまず支えられない。ラビ・ナフマン・ブラツラフがこんなことを言っている。「この世はきわめて細い橋にほかならず、大事なのは怖がらないことである」

「宇宙にいるのは我々だけなのか？」

先見の明ある祖父がナチスドイツを離れて三年後の一九三九年九月一日、ドイツがポーランドに侵攻し、この惑星の各所が戦争状態に陥った。その八カ月後、ウィンストン・チャーチルがイギリスの戦時宰相の役目を引き受けることになる。この間（かん）、チャーチルはアドルフ・ヒトラーと軍国主義ドイツが呈する脅威を自国や世界に執拗なまでに警告していた。

そのかたわら、お気に入りの道楽の一つも続けていた。著述だ。一九四〇年代には、初代マールバラ公の四巻本の伝記を執筆したほか、新聞や雑誌向けに大量の意見記事を書いている。なかでも科学への関心は高く、一般向け科学エッセイでは進化から核融合エネルギー、果ては異星人まで何でも取り上げていた。ちなみに、チャーチルは政府の科学顧問に民間人を初めて据えたイギリス首相だ。

一九三九年、周囲の世界が崩壊していくなか、チャーチルは「宇宙（スペース）にいるのは我々だけなのか？」と題した記事を書いたが、発表することはなかった。いろいろな出来事が重なって彼は政治的影響力の絶頂を極めることとなり、この小論は脇に置かれて何十年と埋もれるはめになったのだ。チャーチルは戦争を闘って勝利を収めたのち、イギリスの政治的流行から再び外れると、この記事を見直して、一九五〇年代にはタイトルをもう少し正確な「宇宙（ユニバース）にいるのは我々だけなのか？」に改めている。だが、他界したときも未発表で、知られることも言及されることもなくアメリカの国立チャーチル博物館のアーカイブに収蔵されていたところを、二〇一六年に発見された。

チャーチルによるこの異例の小論が発表されずじまいになったとはつくづく残念だ。盛り込まれていた発想は時代を大きく先取りしていたし、あの大局観は今と同様、当時も大いに必要とされていた。チャーチルは多方面の知識に裏付けられた謙虚さを備えており、たとえば太陽とその恒星系がどれほど特別なのかについて、「我が太陽は惑星の一群を抱える唯一の恒星である、などと考えるほど私は思い上がっていない[2]」と書いている。また、彼は眼力鋭かった。系外惑星が発見される何十年も前に、「主星から適度に離れており、温度が適切に保たれるような」位置に惑星が大量に存在し、そこに水と大気がどちらもあって、したがって生命を支えられる可能性があると考えるのが合理的、という結論に達していたのだ。さらに、宇宙の広さとそこに存在する恒星の数から言って、「非常に高い確率で、生命を育めないとは言い切れない環境を持つ惑星を従えた恒星が途方もない数あるに違いない」と記している。そして、星間旅行には懐疑的だったが、「そう遠くない将来に月への、さらには金星や火星への旅が可能になるかもしれない」と述べている。

　この小論にも陰鬱な論調の箇所があるのだが、その対象は宇宙に地球外生命が存在する可能性でもなければ、人類がほかの惑星に達する能力でもなく、人類そのものだった。「私個人は我々の文明がここで収めている成功とやらにあまり感心しておらず、この広大な宇宙において我々の惑星は思考する生き物を有する唯一の場所、あるいは我々はこの広大な時空にこれまで出現したなかで最高の精神および肉体の発展形、などと考えるつもりはない」とチャーチルは書いている。

数年前、チャーチルの小論について初めて耳にしたとき、私は思わずこんな思考実験にふけった。チャーチルがこの小論を書いてまもなく世界を巻き込む大戦が勃発したが、その戦費は一兆三〇〇〇億ドルにのぼったと推定されている。現在の価値に直すとおよそ一八兆ドルだ。あの大戦での死者数を正確に推定しようにも信頼できる記録はなく、戦争によるものと言える死者数についてはは学者のあいだで意見が分かれているが、その数は四〇〇〇万〜一億人とされている。

いったいどうなっていただろうか？　もしも人類が一九四〇年代にあの一兆三〇〇〇億ドルを、そしてもちろん四〇〇〇万〜一億人のスキル、専門知識、労力、知力も宇宙探査に注いでいたら。もしもあの時代の天才集団が、核兵器の開発という極め付きの破壊活動にではなく、地球上の生命を太陽系へ、さらにはその先の広大な空間へと送り出す企てにその身を捧げていたら。もしも人類文明が謙虚さをもって科学的方法を実践した結果として、みずからの存在は宇宙における他文明の存在に現実味を与えていると結論付けていたら。もしも人類が一九三九年からの一〇年間に、地球上の生命の大量殺戮ではなく宇宙探査と地球外生命の発見を志向していたら。

マルチバースが存在し、そこにこのような人類が存在していたなら、少なくともオウムアムアの写真は撮っただろうし、ひょっとすると徹底検証を目指してオウムアムアを捕まえさえしたかもしれない。ともすると、そちらの人類は明らかになった事柄に驚きもしていないかもしれない。なにしろ、彼らの地球ではブレイクスルー・イニシアチブが何十年も前に始まっており、レーザーで加速されたライトセイル宇宙船はプロキシマ・ケンタウリの近くを通過済みで、得られた情報がもう届いている。太陽の避けがたい死後も生命の存続を確保すべく、解決策の検討もずいぶん進んでいるだろうし、そちらの地球の浜辺はあまりごみで散らかってはいないだろう。

そちらの地球とこちらの地球には類似点が一つはあると私は確信している。そちらの歴史家も、一九四〇年代にすべての端緒となったあの重要な世代を史上最も優秀な世代と認識しているだろう。

だが、私たちはこ、ち、ら、の地球に暮らし、人類文明の存続というタスクを全員で担っている。マルチバースの理論家が考えた思考実験にもいろいろあるが、そのなかで私が最も生産的だと思っているのがこれだ。目の前に差し出されたこの宇宙の住人として、私たちはこれから何をしていくか？

私は今この部分を書きながら、わが家の居間の窓から見えるあの木のことを考えている。私たちは、傷んだ枝をつなぎ留めて枝が治って育つようにする文明なのか？　それとも、それを無視するか折るかしてその枝からの可能性に永遠の終止符を打つ文明なのか？

どちらを選択するにせよ、私たちが賭けているのは子どもやそのまた子どもの人生だ。オウムアムアの奇想天外な特徴を前にして、考え出せるのが天然由来とはいえ統計的に見て確率の低い仮説ばかりであり、集まったデータに照らして残る最もシンプルな説明をシャーロック・

ホームズとは違って受け入れられないなら、文明の次の大躍進が遅れるだけでは済まない可能性がある。私たちは奈落の底に落ち込みかねない。その他多くの文明に埋もれ、ともするとブイを名刺代わりに宇宙中に残せるまでにも進歩しない文明になりかねないのだ。

10　宇宙考古学

オウムアムアからのメッセージ

文明は途方もなく長い宇宙史にわたって次々と現れてはあっという間に消えていく。そんな結論に達するなら、それは人類文明にとって厳しい警告となろう。

そして、それは一つの契機ともなる。

科学者として、そして種(しゅ)として、私たちはその気になれば探偵作業での目の付け所を変えて、死に絶えた文明の残骸を探すことができる。得られた証拠が間接的だった場合でも、大事な教訓が得られそうだ――同じ運命をたどりたくないなら私たちは力を合わせなければならない、という教訓が。

前にも触れたが、これこそ瓶に入っていたオウムアムアからのメッセージ、私たちが読むことをかたくなに拒んでいるメッセージかもしれない。このメッセージに本腰を入れて向き合うなら、天文学を宇宙にある何かの研究だと単純に捉えるのではなく、徹底した調査を要する学際的な取り組みとして扱う必要があろう。

人類には、私が宇宙考古学（*space archaeology*）と呼んでいる新たな分野が大いに必要だ〔「宇宙考古学」は、遺跡探しに衛星画像などのデータを活用する考古学の一分野を指す用語でもある〕。マヤ文明などの社会について知ろうと地面を掘る考古学者と同様、天文学者は技術文明を探して宇宙を深くまで掘る作業を始めなければならない。

宇宙考古学者が何を発見する可能性があるか、想像するとわくわくするが、この探究に真剣に取り組むべきさらに魅力的な理由がある。この分野の知見をもとに、私たちが新たな科学や文化を志向するようになるかもしれないこと、そして私たちの文明がグレートフィルターを突破するまれな文明に仲間入りできるようになるかもしれないことだ。

知的生命の発見確率

ドレイクの式を思い出そう。知的な地球外生命について地に足の着いた議論ができるようにと用意されたあの式だ。その大きな制約事項の一つが通信信号に的を絞っていることで、通信信号はほかの文明が残す検出可能なさまざまな痕跡の一つでしかない。フランク・ドレイクはあの式の最初の変数***N***を、星間通信に必要なテクノロジーを有する銀河系内の種の数と定義した。また、最後の変数Lについては、そうした種が検出可能な信号を生成できる期間とした。簡単に言えば、彼の式には、地球外文明を検出できる唯一の手掛かりは意図的な通信の営みだと想定する、という但し書きがあった。

だが、異星人文明がその存在を意図せず広めているかもしれない形態はいくつもあり、私たちが新たなテクノロジーを発見するにつれ、証拠探しに利用できる新たな手段が増えていく。ならば、探査の範囲をどう定義し直すべきか？　言い換えると、私たちは今すでに何を、そしてどこを探していてしかるべきなのか？

最初の問いはわりと答えやすそうだ。生き物が環境に残す水の華や汚れた大気などのいわゆるバイオシグネチャーをもとに、さまざまな生命形態を特定できることがわかっている。よって、テクノロジーの進んだ地球外生命の痕跡に加えて、微生物のようなあまり進化していない異星の生命の証拠も、今生きているか死に絶えて久しいかによらず探す候補となる。

すると、最初の問いから少し細かい別の問いが導かれる。探していてしかるべきはどのような類いの生命か？　原始的なものか、それとも進んだものか？　ポスドクのマナスヴィ・リンガムと私は共著論文で、最新鋭の望遠鏡のみ（この論文ではハッブルの後継機であるジェイムズ・ウェッブ宇宙望遠鏡を含めた）を使用した場合に原始的な地球外生命と知的な地球外生命が見つかる確率をそれぞれ推定した。実のところ、これは宇宙考古学者が探査活動のどれほどをバイオシグネチャーやテクノシグネチャーに費やすべきかを明らかにする試みと言える。この研究は、先ほど触れた〝私たちは今すでに何を探していてしかるべきなのか？〟への答えに対する考えをはっきりさせるのに役立った。

この研究では、きわめて不確かな変数をいくつも検討せねばならなかったうえ、変数によっては最善の推測で答えを求める必要があった。たとえば、微生物よりも知的生命のほうがどれほどまれか、テクノシグネチャーとバイオシグネチャーはそれぞれどこまで遠いものをどれほどの期間にわたって検出できるか、といった事柄が該当する。選んだ変数には、グレートフィルターに対するわれわれの懸念も反映されていたが、われわれが探しているような技術力を持つ地球外知性がどれほど生き永らえるかについては、楽観的に一〇〇〇年と推測した。

私は前々から科学の営みには楽観的な姿勢が欠かせないと思っているが、この研究で楽観的な姿勢は実際の計算にも織り込まれた。知的生命を発見する見込みは、悲観的になるほどいろいろな形で薄くなる。それに、この研究のシナリオでは、知的生命が発見可能な状態にありそうな期間だけではなく、人類が生き永らえてそれを探す期間という変数も推定する必要があった。

いずれにしても、微生物のような原始的な生命の発見と知的な地球外生命の発見とを同列には扱えないことは認めねばなるまい。どちらも私たちの人類観を根本的に変えるだろうが、技術力のある知性という証拠のほうがインパクトは大きいだろう。ほかの知的文明、ともすると私たちよりも進んだ知的文明が存在している、ないしかつて存在していたと知れば、私たちはこの宇宙や人類の成し遂げた事柄について、もっと謙虚な姿勢を取らざるをえなくなる。

論文は最終的に次のようにまとめた。知的生命の発見確率は原始的な生命のそれよりもおよそ二桁小さい。原始的な生命のほうが多いことをふまえて予算の大半がこちらに回るにしても、どちらの探査も並行して行われるべきだ。また、知的生命が存在するようなら、微生物のような生命が発見される見込みは飛躍的に高まる。

というわけで、何を探していてしかるべきか？　ひと言、生命だ。どちらが先に見つかりそうかというだけのことである。

では、どこを？　この問いのほうがやっかいでややこしいが、最終的にはどこかで聞いたような答えになるかもしれない。地球上の生命の起源から出発することが必要だからである。

地球外生命の探し方

生命起源論という研究分野は生まれたてだ。地球上での起源についてはかなりのことがわかっているが、私たちの知識は無知の大海に浮かぶ島にたとえられよう。それでも、この分野の目指すところについて慎重ながらも楽観的でいられる理由がある。

私たちは本書の執筆時点で、生命の構成要素たる最初の細胞が複製や代謝の機能をどのように獲得したか、その理解にかなり迫っているし、タンパク質や炭水化物といった生体分子の前駆体が共通の出発点からどのように合成されて組み立てられたか、その説明にもかなり迫っている。地球上で生命を生んだ構成要素に地球外生命も頼っているかどうかはわからないが、生命がこの地球に出現した仕組みの理解に迫るにつれ、生命の出現頻度を考えるための知見が揃ってきた。

生命とは、概して決定論的で可能性の非常に高い出来事なのか、それとも、とうてい起こりそうもない偶然の成り行きなのか？　地球外生命探しの道のりにおいてこれほど重要な問いはない。言い換えると、基本条件が同じなら生命は必ずや生まれるのか？　それとも、地球上に生命が出現したことは再現性の非常に低い奇異な出来事なのか？

その答えに向けては数多くの研究分野がさまざまな面で前進をもたらしているが、なかでも大きな存在感を示しているシンプルな知見がある。私たちが唯一手にしている重要なデータ源――地球――が驚異的に豊饒であることだ。地球上で生命が発現した要因には太陽から地球までの距離を筆頭にいろいろあるが、そうした要因によって、地球では数種類の微生物が海底の熱水噴出口に密集するだけでは終わらず、複雑な生命が多彩に花開いており、たとえば今日の動物相や植物相の豊かさはそれに先立つ爬虫類の時代全体をしのいでいる。この広大な宇宙に豊かな生命がたった一つの青いビー玉（ブルーマーブル）にしか存在しないと考えるなど、高慢の極みに思える。

地球上の生命はほぼすべて太陽に依存している。文明の夜明けの頃から、あなたが前回ビーチタオルの上で一時間くつろいだときまで、人類が崇拝し続けてきただけのことはあるのだ。私たちは文字どおり星くずでできている。私たちをなす物質は爆発した恒星の中心部でつくられ、それが集まって地球のような惑星が形成され、それが地球上のあらゆる生命の素材となり、できた生命がたとえばあなたや私だ。太陽の熱や光がなかったら、植物も、豊富な酸素も、私

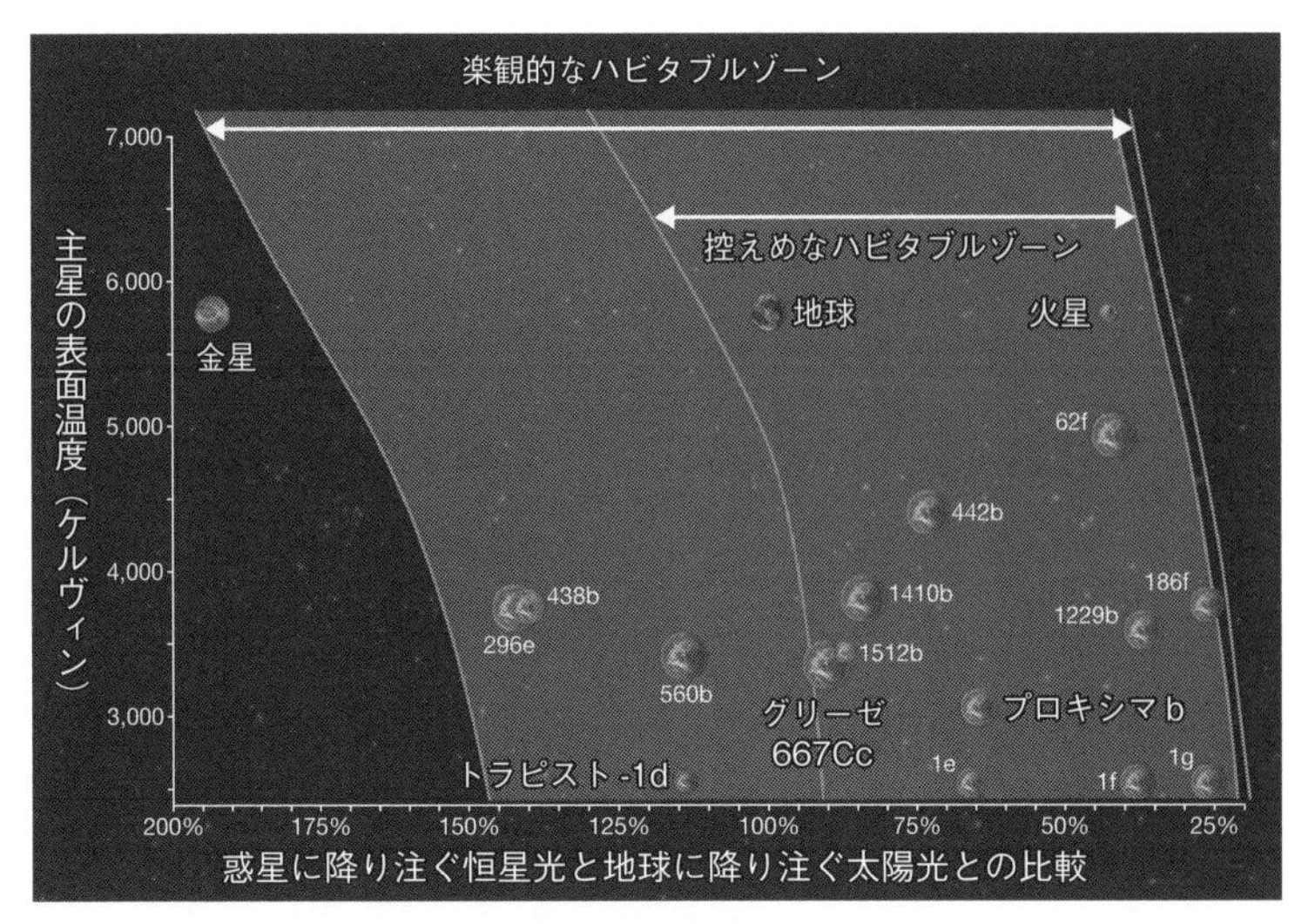

プロキシマ・ケンタウリのような最も多い矮星から、イータ・カリーナのようなまれな巨星まで、さまざまな表面温度（縦軸）を持つ恒星の周りにあるハビタブルゾーンの境界。横軸は、惑星表面に降り注ぐ光の量を、地球に降り注ぐ太陽光との比較で示している。図には知られているさまざまな惑星を挙げており、最も近い系外ハビタブル惑星であるプロキシマ b は右下にある。Image by Mapping Specialists, Ltd.

たちの知る生命もなかっただろう。

地球上の複雑な多細胞生物の大半が、直接または間接的に太陽の存在に依存していると言っても過言ではない。では、地球外生命探しではこの事実をどう受け止めるべきか？　意識を持つ知的生命を太陽が支えているという確固たる知識は、ほかでの生命探しにどう活かせるのだろう？

私たちの太陽が異例かどうかがわかれば、その太陽が支えている生命がどれほど異例（あるいは普通）なのか、かなりわかってくるだろう。太陽があらゆる面で典型的な主星であり、かつその近隣に意識を持つ生命が存在することが唯一無二ではなくともきわめてまれなら、私たちの存在は偶然の成り行きという可能性が非常に高く、本当に異例だ。だが、太陽がいくつかの面で典型的な存在ではないなら、典型的ではない特徴が生命には必須で、私たちの存在はそう成り行き任せでも独特でもないのかもしれない。すると、地球外生命探しもそう行き当たりばったりではなくなる。なにしろ、地球のような星を検証する根拠があるのだ。

たまたまではあるが、太陽－地球系には明らかに特異なところが二つある。その一つが太陽は知られている恒星の九五パーセントよりも質量が大きいことで、地球の三三万倍ある。だからといって、生命を探す対象として統計上平均的な恒星の周りを回る惑星への興味をなくす必要はないが、時間と資金の制約を考えると、私たちの命を支えている太陽のようなかなり大きめの恒星を選ぶのがよさそうである。

系外惑星の発見ラッシュ

太陽の特徴をふまえると、地球外生命を探す先として――少なくとも最初のうちは――太陽のような恒星がお勧めだ。そして、手始めに調べる惑星を選ぶ段では地球の特徴が目安となる。密で複雑な生物圏を支えていることが知られている唯一の惑星、すなわちこの地球における観測データをもとに、ほかの惑星に探すべき特徴をいくつか挙げることはできる。だが、地球のハビタビリティーに不可欠な変数の最たるものと言えば、液体の水の存在だろう。

よく万能溶媒と称される液体の水は、細胞へのエネルギーの運び入れや細胞からの廃物の運び出しに理想的な物質で、水なしで生きていける生命は地球上では見つかっていない。生命にとってかくも重要であることから、天文学者は水を念頭に置いて各恒星の周囲にハビタブルゾーンを定義している。その範囲は恒星系の中心から測った惑星の軌道距離で表され、主星からゴルディロックス距離――水が凍りも蒸発もしない範囲――にある惑星を見つけだす作業が宇宙考古学者の異星人文明探しの出発点となる。

とはいえ、宇宙には探すべき場所が実は際限なくある。

ここ二〇年で、宇宙には膨大な数の系外惑星が存在することが明らかになっている。その発見ラッシュの始まりは一九九五年、天文学者のミシェル・マイヨールとディディエ・ケローが、系外惑星の主星が示す視線方向の運動をもとに決定的な観測的証拠を初めて得たことだった。このとき見つかったのは、太陽に似た恒星の近くを回る木星のような惑星、ペガスス座五一番星bだった。この先駆的な業績が系外惑星探しを新たな時代へ導き、二人は二〇一九年にノーベル賞を受賞した。

ところが、彼らの観測の基本方針は新機軸ではなく、天文学者のオットー・シュトルーヴェによってその四〇年ほど前に考案されていたものだった。シュトルーヴェは一九五二年の論文で次のように主張していた。エイリアン惑星を探すなら、主星の周りを主星に近い軌道で高速に――地球の時間で数日以内に――回る木星型の巨大ガス惑星を狙うと収穫が多い可能性がある。そうした惑星の存在は、連星（重力で結び付けられている二つの恒星）も同じように質量の共通重心の周りを猛スピードで回っているという証拠から示唆され、このような巨大な系外惑星が重力を主星に強く及ぼすことや、主星の手前を通過する際に光を遮ることを利用すれば、その発見は比較的容易なはずである。

だが、シュトルーヴェの論文と主星に近い木星を探すという彼の提案は無視された。主要望遠鏡の時間割当委員だった学者は、木星がなぜ太陽から現在のように離れているかについては一般的な理解に達しており、主星にはるかに近い系外木星探しに望遠鏡の時間を割り当てる理由はないと見ていた。この偏見が科学の進歩を数十年遅らせた。

系外惑星探しが主流の仲間入りをしたとたん、発見数は急激に増えた。ペガスス座五一番星ｂが見つかって一〇年もしないうちに、系外惑星はほかに何百と特定された。二〇〇九年にはＮＡＳＡによって系外惑星の発見に特化されたケプラー宇宙望遠鏡が打ち上げられ、系外惑星の数は本書の執筆時点で四二八四個にまで跳ね上がっているうえ、確認待ちの候補の数も数千にのぼっている。今では、地球に似た大きさと表面温度を持ち、表面に液体の水――や生化学反応の構成要素――があるかもしれない惑星が、全恒星のおよそ四分の一に存在するとわかっている。

観測装置の狙いを定めるにふさわしい系外惑星が大量に存在することからは、ユダヤ教の過越祭（ペサハ）の最初の晩餐（セデル）でよく行われる伝統行事の一つが連想される。セデルでは、一家の主がアフイコマンと呼ばれる一片のマツァ〔イーストを使わずに作ったパン〕を隠す。子どもたちはそれを探し、見つけた子がご褒美をもらえる。

子ども時代の私がこのとき学んだ――そして宇宙考古学というできたての分野に携わる大人として今も心に留めている――のが、何かを探す際に「具体的に何を？」よりも「どこを？」を意識したほうが有利なことだ。姉たちと私はもう一つ、探すならアフィコマンが隠されていたことのある場所から始めるに限ることもすぐに学んだ。

今日、同じ戦略が地球外生命探しの指針となっている。生命の証拠を探す望遠鏡や観測装置の大半が、生命が存在するとわかっている唯一の惑星、地球と同じ特徴――なかでも重要な液体の水――を持つ岩石惑星に照準を合わせている。

それはいいとして、私たちにできることはこれだけだろうか？　異星人のいそうな惑星の軌道を探せる場所はほかにないのか？

褐色矮星

生命探しによさそうな場所は、地球に似ていると思わしき系外惑星に限らない。私がポスドクのマナスヴィ・リンガムと行ったまた別の研究では、生化学反応を探す先としてきわめて有望な場所がほかにも示唆された。褐色矮星と呼ばれる星の大気中だ。

褐色矮星は小さく、質量は太陽の七パーセントもない。ほかの星を明るく照らす（そして熱する）核反応を維持できるほどの質量がないことから、その温度は惑星並みにまで下がることがある。よって、褐色矮星の周りを回る雲に含まれる小さな固体粒子の表面には、液体の水が存在している可能性がある。

褐色矮星で打ち止めにする必要はない。光合成を行う植物の証拠である特徴的な「赤い縁」が反射光に見られる、いわば緑色矮星も検討すべきだ。私たちの計算によると、太陽のような恒星の周りを回る緑色矮星は、地球外生物学的アフィコマンを探す場所として最もお勧めのようである。

緑色矮星、褐色矮星、恒星のハビタブルゾーンにある系外惑星――宇宙考古学者にとって可能性はこれらの選択肢に限られない。私たちよりも技術的にはるかに進んだ文明を想定するならなおのこと。だが、地球外生命探しの現段階において、私たちの理論化や観測手段、そして実際の活動は比較的未熟なので、狙うならこれらが最善だ。話を太陽系外に限るなら。

異星人のテクノロジー

考えているのが星間空間での生命探しだとはいえ、太陽系内の可能性を調べ尽くしていないことは認めねばなるまい。宇宙考古学者は太陽系の裏庭でも証拠を探すべきだ。

手始めとして、太陽系内を漂う技術装置を探すという手がある。そうすれば、まさにオウムアムアが見つかったように、私たちはほかの星を起源とする人工物をまた見つけだせる――そして証拠を積み上げられる――かもしれない。人類の場合、技術革命の最初の一世紀中にボイジャー1号と2号を太陽系外に送り出した。どこかの進んだ文明がそうした物体をほかに何機打ち上げていることか。

通り過ぎていく異星人のテクノロジーの探し方として単純この上ないのが、最も近場の大きな明るい街灯――太陽――のもとで探すことだ。オウムアムアの場合にまさにそうだったが、太陽光は物体の形状と運動に関する貴重な情報をもたらすうえに、物体を見やすくしてくれる。この探しものには、使えるものを何でも使わなければならない。オウムアムアのような物体を見つけだすための手段が、今のところわりと初歩的だからだ。

本書の始めのほうでご紹介したとおり、オウムアムアを発見した望遠鏡にしてみれば、あの発見は偶然だった。あの望遠鏡が設計、製造、設置された目的は別にある。天文考古学者も最初のうちは同様に、それ専用の装置が用意されるまでは既存の装置を転用しなければならない。用意されるまで、太陽系で異星人のテクノロジーを探す最も簡単な方法――現物を手に入れるまたとない機会がもたらされるはず――は、地球との衝突を検出する手段を工夫することかもしれない。そのためには、人工的につくられた隕石を地球の大気圏を利用して探す方法を考える必要があろう。数メートル以上の天体からは隕石の残骸が出ることがあり、それを検出して追跡できれば、地球外テクノロジーの証拠の現物が初めて得られるかもしれない。

また、地球外テクノロジーの残骸を月や火星の表面で探すという手もある。大気も地質活動もない月を私たちが博物館、郵便受け、ごみ箱のどれになぞらえようと、月は過去数十億年にわたってその表面に激突した天体の記録をすべて留めているとは確実に言える。それを確かめなければ、そこに彫刻や手紙やごみに当たるものがあるか、それとも何もないのか、いつまでたってもわからない。

場所を惑星表面に絞る必要もない。たとえば、木星は近くを通る星間天体を重力で捉える漁網のような機能を果たす。科学者は、小惑星や彗星のような天然の岩や氷しか回収されないと(宇宙空間に何が存在するかの可能性に関して今の科学者が付けている遮眼帯から察するに)考えている。見つかる大半は確実にそうだ。だが、もしかするとすべてそうとは限らない。

そうとは限らないほうの発見は豊かな報酬をもたらすのだから、私たちは取り組むべきである。無難な調査に比べて資金が大いにかかるし確実性がはるかに劣るのはそのとおり。だが、そうした企てはうちの家族が貝殻を探して浜辺を散策することに当たっており、未来の宇宙考古学者が地球外文明のペットボトルに当たるものを発見しないとも限らない。

宇宙考古学の手段

未来の宇宙考古学者に用意される手段がふんだんになるほど、彼らはそれだけ探索範囲を広げられる。私がエド・ターナーとの共著論文で示したように、遠く離れた地球上の都市(ないし巨大な宇宙船）から放たれた人工的な光を探すことなら、太陽系の端からでも可能だ。人工的な光源と太陽光を反射している天体とは、こちらから遠ざかるにつれて暗くなる様子をもとに区別できる。電球のようなみずから発光する光源が太陽からの距離の二乗に反比例して暗くなるのに対し、太陽光を反射する遠くの天体は距離の四乗に反比例して暗くなる。

宇宙考古学者が大いに利用できそうな手段の一つが、ヴェラ・ルービン天文台の最新装置だ。同天文台の広視野反射望遠鏡は、二〇二二年に夜空のサーベイを開始する予定になっている。この望遠鏡は、銀河系の地図づくりと弱い重力レンズの測定を通じて、ダークエネルギーやダークマターについての知見を何かしらもたらすことが期待されているのだが、ほかにも太陽系内の天体のカタログを一〇～一〇〇倍にすると見込まれている。ヴェラ・ルービン天文台の望遠鏡は、オウムアムアを発見したパンスターズも含めて、どこのサーベイ望遠鏡と比べても感度が格段に高い。

太陽系のかつてないほどかなたまで見通せる新たな装置が手に入れば、惑星表面に人工光や熱再分配を探すことができる。ドレイクの式の制約から解放されて、通信信号に限らないテクノシグネチャーに目を向けられるのだ。その手法を理解するには、すでに見えている系外惑星について考えてみるといい。

潮汐ロックされている惑星プロキシマbは、太陽に最も近い恒星プロキシマ・ケンタウリのハビタブルゾーンを回っており、スターショット計画の検討ではライトセイルの行き先候補に挙げられた。岩石惑星であり、地球サイズで、主星にいつも同じ側を向けている。うちの下の娘がこう指摘したことを覚えておられるかもしれない。そんな惑星には家を二軒持つのが理にかなっている。一軒はいつも暑い永遠の昼側に、もう一軒はいつも寒くて暗い永遠の夜側に。

だが、進んだ文明は技術的にもっと高度な解決策を見いだすかもしれない。私がマナスヴィ・リンガムとの共著論文で論じたように、そのような惑星の住人には、昼側の表面を光電素子で覆って、夜側の照明と暖房を十分賄える発電をするという手がある。そんな惑星に私たちの装置を向ければ、主星の周りを回るあいだに見られる明るさの変動から、この類いの全球的な工学プロジェクトが実施済みだと読み取れるだろうし、そもそも昼側の光電素子が特徴的な反射と色を示すだろう。どちらの現象を探す研究も、惑星が主星の周りを回るあいだの光と色を監視するだけで可能だ。

これは、宇宙考古学者が装置を向けて探せるそれらしい各種兆候の一例にすぎない。ほかにも、この地球から示唆されるように、遠く離れた星の大気に産業汚染の証拠を探すという手がある（実はオウムアムアが太陽系に現れる数年前、私は院生のヘンリー・リンと大気の専門家ゴンザロ・ゴンザレスとの共著で、進んだ文明のシグネチャーとして系外惑星の大気に産業汚染を探すことに関する論文を発表している）。汚染物質の広がりによる大気汚染は、グレートフィルターの突破に失敗した文明のサインという可能性がある一方で、寒すぎる惑星を意図的に温暖化させるか暑すぎると見なされた惑星を寒冷化させるかしている文明のサインという可能性もある。対象から何光年も離れて行う宇宙考古学の発掘調査では、クロロフルオロカーボン（CFC　いわゆるフロン）のような天然ではない分子を探す作業も行われる。文明が終焉を迎え、意図的なサインを送るのをやめてずいぶんたったあとでも、産業文明がつくり出した分子や表面に現れた効果は一部残っているだろう。

当然ながら、宇宙考古学者の砂場は宇宙の端まで広がっている。探索の対象を惑星に限る理由はない。この認識に基づき、かなたで全天を走査しているビームの閃光を探すことに徹するのもよかろう。そうしたビームは、どこかの文明の通信ないし推進手段のサインという可能性がある。人類がしかるべき手順を踏み、私のチームがスターショット計画のために考案した方式でライトセイル機を宇宙へ送り出すなら、用いられるテクノロジーから放たれるまばゆい閃光がほかの文明から見えるだろう。光がセイルからはみ出るのを避けられないからだ。

かなたの恒星からの光を大部分遮る人工衛星群ないし巨大構造物を探すという手もある。そんな構造物の一例が、最初に考案した偉大な天体物理学者、故フリーマン・ダイソンにちなんでダイソン球の名で知られている仮想システムだ。途轍もなく巨大なそうした構造物は大きな技術的課題に直面するだろうから、存在するにしてもまれだろう。だが、これはグレートフィルターに対して技術的に可能な一つの解決策でもあり、終焉に直面している文明はそれぞれの見通しや手段や機会を巡る課題の対応に乗り出せよう。ただし、そうした巨大構造物が存在するかどうかを明らかにするためには、まずその証拠を探さなければならない。

そうした巨大構造物についての検討では、人類よりも優れた知性の存在を前提とするゆえ、宇宙考古学者が繰り返し乗り越えなければならないであろう議論が持ち上がる。ダイソン球のようなプロジェクトが人類にはとうてい手が出なさそうなもの――それどころか不可能なもの

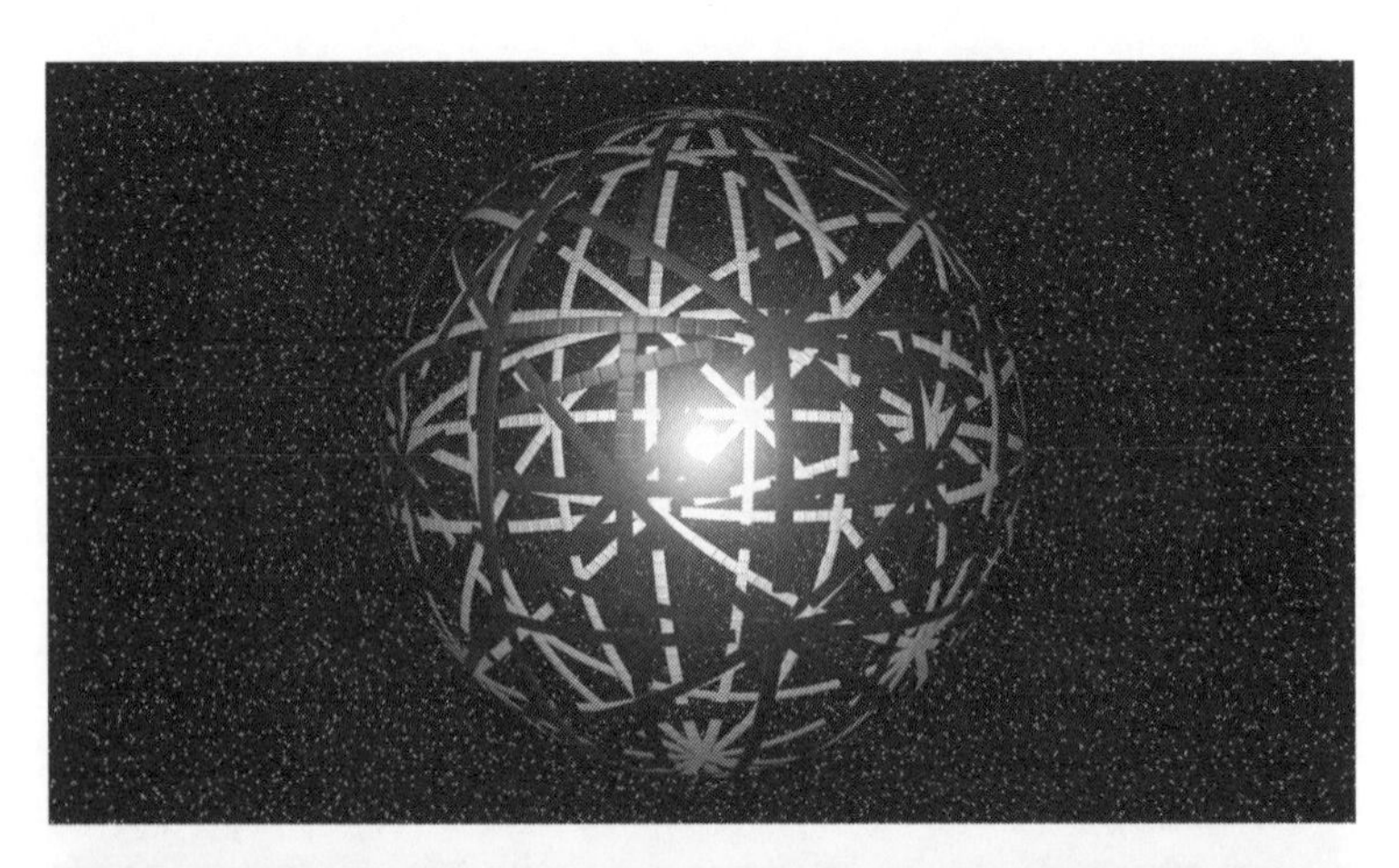

メモ：想像図。物体の大きさは惑星の大きさに対して誇張されている。

地球外の知性によってつくられ恒星や惑星の周りに配された構造物の例。恒星の光を利用するためにその周囲に建造された仮想的な巨大構造物「ダイソン球」と、地球のような惑星を取り巻くおびただしい数の通信衛星。

——に映るとしても、そのことは私たちがまだそうしたプロジェクトに挑めるほど知的ではないという事実の反映にすぎないのかもしれない。私たちよりもはるかに進んだ文明は、私たちの限られた理解の範囲内では克服できなさそうな課題をすでに乗り越えているかもしれない。

人類にとっての宇宙考古学

極端なことを言えば、宇宙考古学はおのれの至らなさを思い知らされる営みとなろう。だが、だからこそ何より豊かな報酬をもたらしうる。

私たちは十中八九、私たちよりも前に出現していた文明に比べて劣っている。このことを甘受できるなら、私たちの遅々とした進化を早める手だてを発見できるようになるかもしれない。心境にこのような大変革が起これば、人類は何千年、何万年、いや何億年分も一気に進歩できるかもしれない。

知性の基準を人類に設定してもそのレベルは特段高くはなく、他文明はおそらくそれをもうクリアしている。そんな可能性が高いという証拠は至る所にある。新聞や、手近にある画面や、絶え間なく更新されるニュースフィードといった身近な所にも。知性を示す真の尺度はみずからの幸福の推進だが、私たちの振る舞いはその逆を行っていることがあまりに多い。世界の切迫したニュースに日頃から注意していれば、私たちが宇宙のこのあたりで最も賢い種ではありえないという証拠がいくらでも目に入る。

人類はここ数世紀、全体の幸福にはめったに注目してこなかったし、今もしていない。たとえば、私たちは長期的な利益よりも短期的な利益を優先しており、この悪習は今で言えばカーボンニュートラルなエネルギーのような複雑な件や、ワクチンのような悩ましい件、あるいは買い物で再利用可能な袋を使うことのようなわかりやすい件で見られている。また、私たちはここ一世紀、みずからの存在を電波に乗せて銀河系じゅうに言いふらしているが、私たちよりも賢くて略奪的な文明が近くにいないかについては心配すらしていない。

人類文明が意図のある統一メッセージを宇宙に発信するには協調体制が必要で、そのためには一致団結できるような文明でなければならない。だが将来、少なくとも近々そうなると望める根拠は、人類史にはほとんど見当たらない。

携帯電話を発見した原始人

宇宙考古学という萌芽期の分野の根本的な課題としては、必要な手段や資源を確保することのほかに、より進んだ他文明の産物を思い描く力を鍛える方策を考えることも挙げられる。言い換えれば、経験とそれに基づく思い込みの枠にとらわれて知的準備不足に陥り、機能を停止したか、うち捨てられたか、意図的に送り込まれたかした地球外テクノロジーをそうと解釈しそこねる、という事態を避けなければならない。

　発見するかもしれない何かを定義するのに、なじみの物事に引き寄せてはいけないのだが、このことを学生に話して聞かせるとき、私はよく現代の携帯電話を発見した原始人というアナロジーを持ち出す。地球外の知性によって開発された高度な技術装置を人類がじきに発見する、そんな可能性を考えるのにぴったりだ。こちらに準備ができていなければ、宇宙考古学という科学が確立されていなければ、私たちは原始人と同じように振る舞いかねない。彼らは携帯電話を、光をよく反射する奇妙な石ころほどにしか思わないだろう。先を見る目がなければ、数百万年分を一気に進歩できる機会を逃す。

　一つはっきりしていることがある。人工物の証拠が見つかる確率を、オウムアムアに対する一部科学者の見解と同様、人類文明がゼロと考え、「異星人ではありえない」という方針で労力と資金と人材を振り分ければ、それは地球外文明の証拠は決して発見されないと請け合っていることになる。前進のためには枠にとらわれない発想が必要だ。見つかることが予想される何かについて、過去の経験に引きずられた偏見を持たないようにしなければならない。

　加えて、人類の宇宙における潜在的な位置付けと未来の両方について、私たちは一個人としても一文明としても謙虚な姿勢を学ぶ必要がある。統計上、宇宙の知性を表す釣鐘型の分布曲線（ベルカーブ）において、私たちの位置は自認しているような知性の高い側の端ではなく、中央付近という可能性がはるかに高い。

　私が受け持っているクラスの学生は、「君たちの半数はこのクラスの中央値以下だ」という、自明だがシビアでもある指摘をされて驚くことが多い。同じことは文明についても言える。地球に似た惑星が数多く発見されてきたのに対し、他文明の決定的な証拠は今のところ発見されていないが、だからといって、私たちの文明と地球上の生命だけには明るい未来が保証されているなどと考えるべきではない。

進歩へ向かう目的論的法則の存在を人類史が示唆しているか否か、歴史家がつまらぬ議論を展開していることがあるが、宇宙は答えをはっきり示している。宇宙史によると、恒星も惑星も恒星系も、そしてもしかすると私たちの知る宇宙も終焉に向かっている。私たちにとっては地球外テクノロジーの発見はもちろんその探索も、枠にとらわれた思考からの——一、二世代先までしか目を向けず、自文明の未来を最優先しない癖からの——脱却につながる可能性がある。

新世代の研究者へ

新しい物の見方の必要性を、個人的な経験をもとに説明したい。私はヨーロッパのとある大学都市を訪ねるたび、ホストが決まって予約するホテルの狭苦しい部屋で、シャワーを浴びるたびに斜めの天井に頭をぶつけたり、はいつくばってベッドに潜り込んだり、そのベッドが短くて脚を伸ばせなかったりしていた。六度目にしてもうたくさんだと思った私は、今度来るときはダブルの部屋を予約すると心に誓い、実際にそうした。

ところが、次の出張でホテルに着くと、フロントの担当者が「奥様はご一緒できなかったようですね……ご希望でしたらシングルのお部屋へのダウングレードを承りますが」と言ってきたので、「とんでもない、お願いですから予約したダブルの部屋に泊めてください」と応じた。この話をホストにして、なぜこの街ではスペースがあれほど限られているのかと尋ねたところ、「建物を街の教会よりも高く建てることを禁ずる規則があるからです」とのことだった。そう聞いて、こう問い返さずにはいられなかった。「教会をもっと高くしたらどうですか？」すると、「もう何世紀もこうですから」という答えが返ってきた。

惰性の力は強い。若者は文字どおりにも比喩的にも新しい世界をイメージするものだが、彼らの革新的な発想は往々にして、遠い昔に幾多の熾烈な戦いで現実に立ち向かう熱意を失った〝会議室の大人たち〟の疑念や却下に遭う。そうした〝大人〟は、物事のそれまでの在り方になれきっている。既知を受け入れ、未知を無視するようになっている。

若さとは、生物学的な年齢の問題ではなく、姿勢の問題だ。この姿勢が、人によっては科学的発見の新たなフロンティアに心を進んで開かせたり、従来の枠の中にとどまらせたりしている。科学者になると、子どもの頃に抱いた好奇心を待ち続け、正当化されない概念に疑問を抱く、という素晴らしい特権が与えられる。だがせっかくの特権も活かされるまでは誰にも何もしない。

保守的な科学界では概して、知的生命はおそらく地球だけのものであり、意図的な信号を天空に探したり死滅した文明のデブリを宇宙空間に探したりするのは時間と資金の無駄だと考えられている。だが、これは硬直した考え方だ。今日の新世代の研究者は、この考え方を覆せそうな望遠鏡を利用できる。宇宙における私たちの位置付けに関する支配的なドグマにコペルニクスが革命を起こしたように、私たちの世代はいっそう〝街の教会を高くする〟ことで新たな革命の素地をつくることができる。

11　オウムアムアの賭け

人類文明の成熟へ

　宇宙のどこかほかの場所に生命が存在する。そう文句なしに確認された翌日の世の中を想像してみよう。オウムアムアは二〇一七年一〇月よりも前に発見されており、時間的余裕があったおかげで、カメラを搭載した探査機を打ち上げて最接近時にオウムアムアを大写しにし、この天体が地球外文明のテクノロジーの残骸だったことを合理的な疑いの余地なく示せた。そんな仮想的な状況について考えるのだ。

　さて、このあとどうなるだろうか？

　生命の証拠がほかの惑星にも見つかったことは、天文学という一科学分野にとどまらず、人間の心理や哲学や宗教に、さらには教育にも深い影響を与えるだろう。地球外生命の可能性や探査については、本格的に取り組む科学者からしてそれまでごくわずかだったのが、〝私たちだけではない〟ことが確実になったとたん、関連するテーマが高校の必修課程に加えられるだろう。私たちのなかでの振る舞いや交流に影響が及ぶことも想像に難くない。誰もが人類という同じチームの一員のように感じ、国境や各国経済といった地球上の問題を巡る心配や戦争をやめるかもしれないからだ。

そのような発見を機に、私たちは一見それとはわからない形で根源的にも変わるだろう――そして、たいていの人がいいほうに変わるものと私は想像する。

ハビタブル惑星は至る所にあるのだから、私たちは唯一無二だと言い切るなど高慢このうえない。思うに、これは幼少期に見られる自分中心の認識と同じだ。うちの娘たちはまだよちよち歩きだった頃、自分は特別だと信じていた。だが、ほかの子と出会って以降、現実について新たな見方を育み、成熟していった。

人類文明を成熟させるべく、私たちは宇宙へ打って出てほかの文明を探す必要がある。そうすれば、私たちがこのあたりで唯一の文明ではないことばかりか、このあたりでいちばん賢い文明と言うにはほど遠いことにも気づくかもしれない。私たちは、宇宙の中心は地球だとする信条をかつてあきらめたときと同様に、知性と意識を持つ生き物が人類のほかにもいる可能性が統計的に高いものとして行動するようにならなければならない。個人としてのあなたや私が将来の世代よりも知識の面で見劣りしてくることは避けられないうえ、人類は文明をつくりあげた唯一の存在ではないだろうし、その洗練の度合いは宇宙の中ではかなり低レベルという可能性が高い。

こうした捉え方で理解することが私たちを謙虚にさせ、ひいては宇宙における私たちの位置付けに対する見方を改善するだろう。位置付けに対する見方は一般に思われているであろうよりも簡単に変わる。人類の持続可能性が高まる余地があるとすればそこだ。なにしろ、私たちは日々みずからの文明の命運について賭けをしているが、〝持続する〟の現状のオッズは実に低そうだ。

オウムアムアの賭け

これを〝オウムアムアの賭け〟として考えてみよう。一七世紀のフランスの数学者、哲学者、神学者のブレーズ・パスカルが唱えた賭けになぞらえるのだ。パスカルは次のように説いた。人類はその命を神が存在するかどうかに賭けている。ならば、神が存在するかのように生きるほうが得策だ。

なぜなら、神が存在しなかったとしても、生きているうちの喜びをいくつかあきらめればいい。一方、神が本当に存在するなら、天国へ行けるうえに無限の報酬が得られる。それに、永遠に地獄にとどまるという、起こりうる最悪の成り行きを回避できるではないか。これが有名なパスカルの賭けである。

私はまったく同じように、人類はその未来をオウムアムアが地球外テクノロジーかどうかに賭けていると説きたい。私たちの賭けは宗教とは無関係だが、意味合いの深さは劣らない。現実問題として、正しく賭けたときの報酬、すなわち、どこかにいると予想される生命を星間に探した先の未来はそれこそ天国だ。それに対し、グレートフィルターはなにしろ恐しいし、宇宙を探査できるほど技術的に進んだ文明はみずから招いた痛手から絶滅する可能性がきわめて高く、間違ったほうに賭けてほとんど無計画でいたり計画が遅きに失したりすれば、絶滅が早まりかねない。

当然ながら、この二つの賭けはいくつか重要な面で大きく違う。たとえば、パスカルの賭けには信仰の大きな飛躍が必要なのに対し、オウムアムアの賭けには希望の控えめな飛躍、具体的には科学的な証拠が増えるという希望しか要らず、たとえば私たちが遠くからであれば撮影してある天体を大写しにした高解像度画像が一枚あればいい。

パスカルは倫理的な費用便益分析のために、神聖かつ普遍的な存在を想定する必要があった。それに対し、オウムアムアが地球外テクノロジーだと想定するためには、私たち以外の知性の存在を信じるだけでいい。

それに、パスカルの持ち合わせが信仰だけだったのに対し、私たちには証拠と推論という、オウムアムアが地球外テクノロジーである確率を高める手だてがある。

この二つの賭けの比較が有益だと思う理由がもう一つある。経験から言って、オウムアムアの話は宗教的な方向へ転じることが多い。思うにその理由は、私たちは十分に進化した知性がほとんど神であるかのように見えると予想しているからだ。

地球外文明との遭遇をどう受け止めるか

「天文学を研究しているあいだに、宗教上の信念か神に対する考え方が何か変わりましたか？」オウムアムアに関する《ニューヨーカー》誌のインタビューで記者からこう訊かれ、私は最初戸惑った。なぜ私を宗教的だと思うのか？　私は世俗的だったし、今もそうだ。〔ここでの「世俗」は、いわゆる「世間一般」の意味ではなく、宗教との結び付きがないという社会科学用語の意味〕

だが、ＣＮＮとのインタビューの最中に、この手の質問がなぜ出てくるのかわかりだした。所定の時間も終わりに近づいた頃、インタビュアーがこんな質問をしてきた。「地球外文明と初めて遭遇したとき、私たちは相手に宗教的と世俗的のどちらであることを望むでしょうか？」ひと言では答えられない問いだと気づいたのか、相手はそろそろ時間なので答えるには及ばないと言い添えた。

私は答える必要があると思うし、さらに重要なこととして、このような疑問がどこから湧いてくるのか、これまで以上によく考える必要があると考えている。オウムアムアは途方もない可能性を差し出しているが、私たちはこれまでそうした物事に畏敬の念を抱きつつ苦闘してきた。

人類文明は昔から、畏敬の念を呼び起こすような物事を理解しようと、神話から科学的方法までさまざまな手を考え出してきた。そして時代が下るにつれて、そうした物事の多くは人類の経験の「奇跡」欄から「俗事」欄へと転記されていった。その大半が科学の進歩のおかげと言えるが、教条的な遮眼帯がつくられるリスクを免れる思索分野はなく、科学も神学もその例外ではない。

CNNのインタビュアーが私に投げた問いを、世俗的な誰かならどう受け止めるかを考えてみよう。その誰かは束の間、宗教的な存在はおそらく倫理的だと予想するかもしれない——高潔な価値観に従うからか、宇宙を受け継ぐのは控えめな者たるべきというような戒めを守るからか。人類の宗教の大半にしても、神聖な存在による懲罰の恐れからであれ、社会的な利益のためであれ、信者が従うべき抽象的な価値体系を教えている。その誰かは、ジャイナ教など少数の宗教が非暴力を明示的に信奉していることを評価しさえするかもしれない。

だが、宗教史を少しでもひもとけば考え直さざるをえなくなる、とも指摘するだろう。例を無作為に選ぶと、たとえば一六世紀のスペインによる中南米征服の場合、一五六二年、ローマ・カトリックの聖職者ディエゴ・デ・ランダが偶像崇拝への嫌悪から、ある大規模な処刑において何千冊というマヤの書物、いわゆるマヤ・コーデックスを火にかけた。今日の学者にはそのせいで研究材料がほとんど残されていない。「われわれはこうした文字で記された書物を数多く発見したが、迷信や悪魔による嘘としか見なされえない内容ばかりだったことから、すべて焼却した」と彼は書き記している。地球外生命ないしそのテクノロジーとの初めての遭遇では、ローマ・カトリック教会による異端審問や、一五一九年にアステカ帝国の首都テノチティトランにエルナン・コルテスがやって来たあとの施策のようなことが繰り返される。そう想像されるなら心配になって当然だ。

では、「地球外文明と初めて遭遇したとき、私たちは相手に宗教的と世俗的のどちらであることを望むでしょうか？」と訊かれたのが宗教的な誰かだったならどう答えそうかを考えてみよう。経済学などの社会科学も含めて、科学が平均寿命の延びや極貧の減少に貢献し続けてきたことに疑いの余地はない。だからといって、私たちは世俗的であり科学的でもある文明を好むだろうと予想しても、昔から言われている懸念が持ち上がる。

ついこのあいだの二〇世紀について考えてみよう。歴史上、大勢の死者を出した戦争のなかでも、第一次大戦と第二次大戦はどちらも国境、資源、権力を巡る世俗的な争いだった。また、人類の改善を目指して生殖を管理する〝科学〟とされていた優生学が、米国では人種差別に偽りの裏付けを与え、ナチスドイツではホロコーストを促した。二〇世紀に世俗主義を最も自慢げにうたっていた実験、すなわちソビエト連邦にしても、共産主義イデオロギーの教義に沿った科学の進歩をたびたび求めていた。科学にも正統主義や権威主義、さらには暴力の余地があることは明らかである。

考えるに、答えに窮するのは先ほどのインタビュアーによる質問のほうに問題があるからだ。彼は研究できる唯一の文明、すなわち私たちの文明から得られた証拠をもとに誤った教訓を学んでいた。「宗教的か世俗的か？」を文明の規模で問うと、偽りの二分法に陥りやすい。現代史と古代史のどちらをふまえても、私たちが遭遇する知的な異星人は例外なく宗教的かつ世俗的である可能性が高い。そして、このことは必ずしも懸念材料にはならない。

ここで、私たちが宇宙のどこかに生命の証拠を見つけた翌日に戻ろう。私にはもう一つ自信を持って予想できることがある。宇宙にいるのが私たちだけではないことが確実になったなら、人類のあらゆる宗教が——そして最たる保守派も含めた科学者も揃って——その事実を取り込むすべを見つけるだろう。

私の望みは、初めて遭遇する地球外の知性が宗教的であることでも世俗的であることでもなく、彼らを行動に駆り立てたのが高慢さではなく謙虚さであることだ。それなら、遭遇しても互いに学び合って双方を豊かにする経験となり、利己心に駆られたゼロサムの衝突に続いて支配を巡る権力争いが始まるようなことにはなるまい。遠方の前哨地に近づいたときや、入植地——星間の小さなベイトハハナン——の建設を検討するときなど、人類が宇宙探査に取り組む姿勢も当然そうあってほしい。宇宙のかなたへ進出する際に私たちが従う倫理的責任と謙虚さの基準は、地球でのこれまでの実績よりも高くあるべきだ。

宗教と科学は人類史を通して共に私たちの謙虚さも高慢さも強めてきた。合理的に検討できる物事を排除するなど高慢の極みだが、それは神学者と科学者のどちらがつくったものにせよ、ありとあらゆる知的遮眼帯のせいだ。科学と神学のどちらにおいても、そうした遮眼帯を付けるよう実践者に奨励して見方を制限し、旧態依然とした探究路線にむりやり従わせることがあった。

とはいえ、科学と神学のどちらにおいても、一部の実践者に真逆を奨励すること、すなわち遮眼帯を外して新たな事物、議論の余地がある事象、予期せぬ事態に心を開くよう促すこともあったことは認める必要がある。私は以下のような理由で望みを抱いている。

第一に、地球外文明の一員は誰もが、私たちが彼らに遭遇した場合と同様、私たちに遭遇して畏敬の念を抱くだろう。彼らもおそらく数え切れないほどの世代にわたって宇宙の深淵を見つめてきたに違いない。そして、生命を支えられる惑星が無数にある宇宙において生命がきわめてまれな存在に見えることも理解しているだろう。

第二に、私たちが彼らの意図を心配するかもしれないのと同様、彼らも私たちの対応を心配するに違いない。彼らが地球上の生命についてどのような情報を持っていようと、それは不完全なうえ、大部分がすっかり時代遅れだろう。地球の天文学者が深宇宙を眺めると時間を後戻りすることになるが、それは地球外の天文学者にとっても同じだ。私たちのテクノロジーが従っている物理法則には彼らのテクノロジーも従っており、私たちが今日まで学んできたことすべてをふまえれば、ここまで来るのにかかった道のりから謙虚な姿勢が促されるだろう。人類の星間探査機はどれも片道旅行の定めにある。地球外からの探査機の場合も同じという可能性が高そうだ。

第三に、ゆくゆく遭遇する知的な異星人のなかに実存主義者がいくらかいると私は想像したくなる。私はこれを絵空事だとは思わない。人類の精神史をひもとくと、地球上ではさまざまな実存主義学派が栄えてその後の思想に影響を及ぼしており、私は知的な異星人の場合もそうだったと判明するのではと思っている。彼らも私たちと同様、人生に関する最も頑固な謎、「奇跡」欄から「俗事」欄に転記できない謎に、その文明が生まれてこのかた取り組んでいたことだろう。

人生の意味ほど根源的な謎はない。ある者はハムレット、またある者はローゼンクランツやギルデンスターン、と与えられる役回りこそ違えど、私たちは誰もが舞台上を台本なしで動き回る感覚を経験している。〝人生とはつまりは何なのだ？〟という問いへの答えを決して模索しない者はまれだし、意識を持つほかの存在のなかでもそうだろう。

私は若い頃、実存主義の哲学者、特にアルベール・カミュに導きを求めた。彼の著作のなかで私の心に響いた一つが『シーシュポスの神話』（清水徹訳、新潮文庫など）だ。ギリシャ神話によると、シーシュポスは神々から罰として、重い巨岩を山の頂（いただき）まで運び上げるよう命じられるのだが、その岩は頂まであと少しのところまで来ると必ずやふもとまで転がり落ちる。つまり、シーシュポスはこれを未来永劫続けなければならない。カミュはこれが人間の置かれた不条理な状況に似ていると考えた。人間も、説明のつかない世界を理解しようとして、やはり永遠の循環に捉えられている。理由もわからず生きて死ぬという、意識を持つ生命に共通するこの状況は不条理だ。そうカミュは考えた。想像するに、意識を持つほかの存在も私たちと同じく知性の限界に束縛されており、必然的に〝人生は不条理だ〟という同じ結論に達するだろう。

このような不条理さをものともせずに高慢でい続けることは難しい。ふさわしいのは謙虚な姿勢だ。畏敬の念を覚えるような物事を前にした人類が謙虚さを育むという証拠が増えれば、地球外文明も同じであろうという期待がそれだけ膨らむ。

人類は昔から、個々の人生よりも心を奮い立たせる大義――普通は国や宗教のような地球上での懸念に関連する大義――のために戦おうとすることが多かった。ここでも例を無作為に選んでみよう。たとえば第二次大戦中、日本兵はみずからの命を昭和天皇のために進んで犠牲にした。だが、近年のデータによると観測可能な宇宙にはハビタブル惑星がゼタ（1,000,000,000,000,000,000,000）の桁ほどあり、このスケールで考えると天皇の位置付けが広大な砂浜で砂粒を運んでいるアリのそれよりも重いとは思えない。そして、天皇について言えることは兵士についても、地球上の誰についても言える。

私たちは目を上げ、この砂粒の先に目を向ける必要がある。

ひょっとすると、大柄で健康的な俳優が小さくて弱々しい役柄を演じるかのように振る舞うよりは、観客の視点を取り入れ、身の回りで起こっている実に興味深い演し物を単純に楽しむべきなのかもしれない。立ち止まってバラの香りを嗅ぐ（あるいは貝殻を探す）余裕があれば、地球の上にも外にも観客として楽しめる物事はいろいろある。地球上の壮観な出来事の数々では刺激不足でも、望遠鏡を持ち出せばいっそう多彩なドラマを目にすることができる。二〇二〇年代中にはヴェラ・ルービン天文台が、時空間レガシーサーベイと称して夜空の半分以上の写真を一〇年にわたって繰り返し撮影するので、宇宙環境を撮影した五〇〇ペタバイトの画像が手に入る。このサーベイによる成果のどれかがサブスクリプション制の新しいストリーミングサービスになってほしいものだ――宇宙全体に向けて同時配信されるサービスとして。観客の立場では満足できず、何か貢献したいと思う者も出てくるに違いない。貢献の形にもいろいろあって、私に言わせれば科学ほど大きな貢献ができそうな仕事はないが、それはともかく好奇心を抱く技量に、そして希望を抱く技量に見合った目標を持つのがよさそうだ。

人類の使命

ほかの文明の価値観について考えることは、結局は私たちの価値観を理解したり洗練させたりすることにつながる。それに、オウムアムアの賭けから何が得られそうかもわかってくる。人類は先ごろ地球外テクノロジーとすれ違った、というほうに賭けるのだ。すると、私たちが宇宙で何を探すか、そして何がわかると予想するかが根本的に変わり、貢献の志の対象が私たちの世界に限らず宇宙全体へと広がる。また、宇宙にはほかにも知的生命がいるかのように、あるいは前からいたと知っているかのように生きるのだ。すると、人類の使命が一部変わってくる。

宇宙に関する新事実を理解して、私たちの宇宙観を変えたり宇宙へのあこがれを刺激したりしたい。私個人は前々からそんな想いに突き動かされてきた。そして、自分の人生に意味を授けようと、天文学者という観客の視点から、宇宙という舞台上で人類文明が取り組むべき新たな課題を提示している。私たちが地球で成し遂げた工学的業績の数々を考えると、視野が広がれば、それが新たなテクノロジーの開発、新たな問いかけ、新たな原理の確立につながりうるし、自分たちの役割をより広い生存範囲のなかで捉えることにもつながりうる。

天文学データにもいろいろあるが、私たちの大局観に最も大きなインパクトを与えるのは地球外生命の発見ではないだろうか。これがすでに成し遂げられていたとしたら？　科学は私たちを取り巻く世界とそこでの私たちの位置付けについて、その捉え方を大きく変える知見とこれまで小競り合いを繰り返してきたが、この件も同じで、より寛容な物の見方を採り入れることの妨げが、オウムアムアの賭けを楽観的に受け入れる気になれないことだけだとしたら？

私たちよりも優れた存在と遭遇することには、〝人生の意味とは？〟という人類を長年悩ませてきた根源的な問いを彼らに投げる機会が得られるという大きなメリットがあろう。私は長生きして、途方もない歳月をかけて得られた科学的知識から得られた彼らの答えを聞いてみたい。その一方で、人類が高慢なせいでこの問いへの答えに迫るペースが落ちそうで心配だ。人類はこれまで高慢になると往々にして、一面の星空を見上げるよりも手元の砂粒にこだわりがちになっていたからである。

12　種（たね）

野心的な企て

オウムアムアの賭けを迫られ、かの天体が単なる奇妙な岩ではなく地球外知性の産物であるほうに賭けることにした場合には、別の問いが持ち上がる。何をどれほど賭けることにするか？

まずは、このうえなく野心に欠けるケースを考えてみよう。私たちは初めて見つけた星間旅行者をしかるべく検証するチャンスを逃したことを認め、次回を逃さないよう今後の備えにかかる。備えの方針としては、太陽系を通過する次の甚（はなは）だ特異な天体の画像を撮影する手だてを用意することや、その天体の捕捉にまで踏み込むことなどが考えられる。だが、発見内容を検証して理解できるようになるためには、あらゆる技量を知性的にも技術的にも高めることも必要となろう。この慎ましい賭けでも、結果を考えるとわくわくしてくる――他文明のテクノロジーの発見は、私たちが長いこと目指してきた目標の達成に役立つかもしれない。

宇宙考古学はそのための構想の一つだが、取り組みをそこで打ち止めにしてはいけない。オウムアムアを異星人のテクノロジー起源だとする仮説を真剣に受け止めるのだ。また、地球外のテクノロジーや生命と次回遭遇したときに直面しそうな課題についても真剣に受け止める必要がある。宇宙に地球外生命がいるという決定的な証拠が本当に見つかれば、それに対応するかどうか、するならどう対応するかについて、国際的な議論が始まることが予想される。この議論にはどう備えるのか？　ＳＥＴＩが何十年と模索してきた通信を、というかそれに限らず地球外知性の証拠を、どう予想して計画を立てるのか？

オウムアムアは奇想天外な岩であってそれ以上のものではない、というほうに賭けておいて地球外知性の明らかな証拠がほかに出てきた日には、私たちは必要なツールを大慌てで用意しだすに違いない。まずはおそらく「宇宙言語学」という学術分野を立ち上げ、銀河間コミュニケーションの手段という課題に取り組むだろう。続いて、「宇宙政治学」、「宇宙経済学」、「宇宙社会学」、「宇宙心理学」といった分野が出現するだろう。

だが、オウムアムアは異星人のテクノロジー起源だというほうに賭けたなら、こうした分野を明日にでも立ち上げられる。

こちらに賭けたことに伴うあまり野心的ではない企てはほかにも考えられる。たとえば、宇宙にいるのは私たちだけではないことを示す決定的な発見がなされると、地球外の相手との遭遇に対応するための枠組みとして現行の国際法は用をなさないことがすぐさま明らかとなろう。

オウムアムアは異星人のテクノロジー起源だというほうに賭けた場合の楽観的な企てとして、いろいろ考えられるなかでも謙虚な類いの一つは、地球外生命の証拠の探索と発見や、地球外知性とのコミュニケーションについて、国際的な協定と監視を――おそらく国連傘下で――確立することではないだろうか。たたき台のような条約であっても地球上の全加盟国が批准すれば、私たちよりも何十億年分も成熟している知性との遭遇に一つの種として対応するための枠組みとなるだろう。

では、人類にできる最も野心的な企ては何か？　それは地球上の生命の生き残りを保証できるほどの活動だろう。

そのまた上を行く野心的な企てがあるとすれば、私たちよりも成熟した文明が試みそうな活動を想像してそこから学ぶことだ。科学的発想を少しばかり飛躍させて、オウムアムアが地球外テクノロジーだという可能性を認めることは、ライトセイル式のブイをいずれ太陽系が遭遇するように仕掛けたかもしれない文明のつもりで考えてみるよう人類を後押しすることに当たる。この後押しは、異星人の宇宙船を想像することだけではなく、そうした宇宙船の人類版の建造を考えることにもつながる。

異星人の宇宙船には、３Ｄプリンターと A I を備えたロボットが搭載されていることも考えられる。そのロボットは、宇宙のどこかで手に入る原材料から、故郷の星で用意された青写真をもとに、そのとおりの物体をつくれるのだ。すると、ある場所での絶滅を防ぐべく、同じ貴重なコンテンツの複製を別の場所でつくれるようになる。私たちの知っているＤＮＡを持つ自然の生命システムの場合、その寿命は有限だ。生命の構成要素はどれほど気を遣って保存しても数百万年で分解しかねず、目的地に達したら生命を構築する機械のほうがはるかに長持ちする。これこそ生命を目的地の惑星上で原材料から3D造形するメリットだ。

宇宙に存在するのは私たちだけではないこと、さらには私たちが宇宙で最も賢いわけではないことの決定的な証拠を手にする前から、私たちはその実現にもう取り組んでいてしかるべきなのかもしれない。

子どもの頃、私は丸く開いたタンポポの種(たね)を探しては、顔の前に持ってきて思いきりふうっと吹いたものだ。すると自然の意図どおり、種はあちこち遠くまで飛んでいって、二週間後には新芽が土を押し上げているところを目にする。文明も同じようにしてその存在を持続させられるだろうか? 地球外文明がすでに試してはいまいか? そして、これはこの宇宙に生命を持続させる手段にもならないか?

思い出していただきたい。オウムアムアは、太陽の重力だけで説明できる軌道からわずかに逸れていた。ほかの何かが押しており、私はその〝ほかの何か〟とは地球外製ライトセイルに反射した太陽光の力だったという仮説を唱えた。ただし、そういうものとして最適設計されていたにしても、逸脱はごくわずかだった。ライトセイル探査機の発射位置が太陽の中心から太陽半径の一〇倍弱という至近距離だった場合でさえ、太陽にはそれを光速の一〇〇〇分の一まで加速できるほどの力しかないからである(ちなみにこの距離は、太陽コロナ観測用として二〇一八年に打ち上げられた探査機パーカー・ソーラー・プローブでの到達が計画されている最接近距離だ）。私たちが地球の生命の種を宇宙じゅうに十分な数だけ送り出すには、それよりもはるかに大きな力が必要となる――太陽が放つ光レベルの力ではなく、超新星爆発を起こしている恒星レベルの力が。

爆発中の恒星の明るさは、一〇億個の太陽による一カ月分の輝きに匹敵する。重さが一平方メートル当たり〇・五グラム未満というライトセイルは、そうした爆発を利用して推進させることで、太陽から地球までの距離の一〇〇倍離れた位置で発射されてもほぼ光速に達するだろう。それなら、私たちのタンポポ式宇宙船を今は夢物語でしかない宇宙領域まで届けられ、生命の種が根を下ろせそうな惑星の数を劇的に増やせることになる。

実際にはどのような形で実現されうるかを把握するのに、太陽よりも五〇〇〇万倍明るい巨大星イータ・カリーナ（りゅうこつ座イータ星）の近くに棲む文明を想像してみよう。生命を確実に持続させるには、この巨大星の周りに無数のライトセイルを駐機させ、うまいこと爆発を待たせるのだ。こうしておけば、爆発したときにそれらがほぼ光速で発射されるし、費用は最小限で済む。

こんなことができるなら、その文明は人類が――まだ――達していない忍耐レベルと浪費レベルのどちらかにもう達しているということだ。巨大星の寿命は百万年単位であり、爆発の正確なタイミングを予測するのは難しい。たとえば、イータ・カリーナの寿命は数百万年で、その死を一〇〇〇年の精度で予測することは、平均寿命に近づいてきた誰かの死を一年以内の精度で予測することに当たる。

かに星雲は超新星爆発の残骸で、およそ6000光年離れたところで起こり、地球では1054年に観測された。残骸の中心付近には中性子星「かにパルサー」があり、毎秒30回スピンして灯台のように点滅して見える。このような爆発を利用できれば、それを推力源にライトセイルを宇宙の最果てまで届けられるかもしれない。ESO

そうした文明は、人類にできた試しがないほど先まで計画を立てる必要もあったことだろう。ライトセイルは安上がりの化学ロケットで爆発のずいぶん前から老いた恒星の周りに運んでおけるが、その輸送に原始的な推進方式を使うと何百万年という時間がかかりうる。

だが、最大のハードルは先を見越した深慮と忍耐だろう。テクノロジーそのものは、非常に難しいにしろ実現はできる。スターショット計画に向けたモデル化の結果をふまえると、セイルは熱を吸収して燃え尽きることがない程度に反射率が高いに違いない。また、探査機が明るい恒星光によって爆発前から押されることがないようつくられているとも予想される。さらに、恒星のデブリに混ざるほうへ探査機が突入しないよう、機体は折りたたまれて針のようになる設計がなされ、損傷や摩擦を最小限に抑えつつ数を大幅に増やせるようになっているはずだ。

これはヘッジを効かせた賭けとして文明にできる最たるものと言えよう。兆単位の数が予想される小型ライトセイル探査機は、生命の構成要素を保持すべく、老いた巨星の避けられない運命を、遠く離れた位置で休眠中の種のようにじっと待つことができる。これを配備した文明がグレートフィルターを突破できなかったとしても、超新星爆発を起こす恒星がそれこそタンポポの種のごとく、生命が持続する可能性を宇宙じゅうにまき散らす。

ただ、ここまでの忍耐力は要らない。太陽よりもはるかに効果のある強力レーザーでライトセイルを星間空間へ押し出すことが、人類の技術ですでに可能だ。これはご存じブレイクスルー・スターショット計画の中核をなす提案であり、一平方メートル当たり一〇ギガワットの出力を生み出すレーザービームは、地球に降り注ぐ太陽光よりも一〇〇〇万倍明るく、ライトセイル機を光速の数分の一の速さで送り出せる。

大がかりな投資を要することは言うまでもない。だが、私たちだけではないと、そして私たちはほぼ確実に宇宙史上最も進んだ文明ではないと知ったとたん、私たちがこの惑星上の全生命を一掃できる手段の開発に投じてきた費用が、その持続を試みるためにかかりそうな費用を上回っていることに気づくだろう。そして、オウムアムアの賭けを真剣に受け止め、人類の存続にはあのレーザービームにかかるくらいの投資の価値はあるという結論に至るかもしれない。

合成生命の研究

今の私たちは卵をすべて、地球という一つのかごに入れている。そのせいで、人類とその文明は大惨事にきわめて弱い。このリスクは、私たちの遺伝物質の複製を宇宙じゅうにばらまくことで軽減できる。

この企ては印刷機の発明が引き起こした革命を連想させる。ヨハネス・グーテンベルクは印刷機を使い、聖書を量産してヨーロッパ中に流通させた。書物が何部も刷られるようになると、ほかにはない貴重な存在としての価値がどの一冊からもたちまち失われた。

同じように、実験室で合成生命をつくる方法が確立されたとたん、いわば「グーテンベルクDNAプリンター」をばらまいて、ほかの惑星表面にある原材料からヒトゲノムの複製をつくれるようになりうる。私たちという種の遺伝情報の保持に不可欠な特定の複製というものは存在しなくなるだろう。遺伝情報はいくつもの複製に含まれることになるのだ。本書の執筆時点で、ハーバード大学やほかの機関にいる私の同僚が、生命をつくるという達成を「奇跡」欄から「俗事」欄へ転記しようと熱心に取り組んでいる。物理学は、宇宙を支配している法則を明らかにした実験室での実験から多大な恩恵を受けたが、彼らをはじめとする科学者はまさにその状況を目指して、生命を誕生させうるさまざまな化学的経路を、実験室で合成生命をつくる研究を通じて明らかにしようとしている。たとえば、ノーベル賞受賞者のジャック・ショスタク率いるショスタク研究所では、チャールズ・ダーウィンが一八五九年に概要を示したメカニズムに沿って進化と自己複製と遺伝情報の保持を行う合成細胞システムをつくりつつある。ショスタクと彼のチームは、複製と変異が可能な、つまり進化が可能なプロトセルづくりに注力している。彼らはこれがゲノムコード化された触媒や構造分子の自然発生につながると期待している。

成果が上がれば生命が出現しうる条件が明らかになり、天文学での生命探しでは目標として最適な天体の割り出しの参考になる。だがほかにも、生命形態としての私たち自身に関する知識が増えるし、私たちに何より必要な謙虚さがその過程でもたらされるかもしれない。

考えてみれば、料理本には同じ材料でつくるレシピがたくさん載っているが、その同じ材料を混ぜたり火にかけたりするタイミングとやり方に応じてさまざまなケーキができる。おいしいケーキもあれば、おいしくないケーキもある。地球上のランダムな環境下で出現した地球の生命が最適だったと考える理由はない。もっとおいしいケーキができる道筋がほかにもいろいろあるかもしれない。

人類が実験室で合成生命をつくれるようになるという展望からは、私たち自身の起源に絡んで興味深い問いがいくつも持ち上がる。私たちは地球上でのみ進化した結果なのか？　それとも、大学の研究室で開発中のプロトセルのように、後押しを受けたのか？

パンスペルミア説

一八七一年、高名な物理学者で数学者のケルヴィン卿が、英国科学振興協会での講演において、生命は飛来した隕石に乗って地球に到達したという可能性を示唆した。

この可能性を考えたのはケルヴィン卿が初めてではない。古代ギリシャ人が考えていたし、ヨーロッパでもケルヴィン卿による講演の数十年前にほかの科学者がこの可能性を吟味していた。だが、一九世紀にこうして関心が持たれていたにもかかわらず、この考え方は一八七一年にケルヴィン卿が同協会で講演してから一世紀ほど無視されていた。

ところがここ二〇年ほど、生命が隕石や彗星や宇宙塵を媒体としてハビタブル惑星にたどり着く可能性があるとするパンスペルミア説に、かつてなく真剣なまなざしが注がれている。事の始まりは、地球上で見つかっている一部の隕石は火星起源という仮説が科学的に立証されたことだった。

火星隕石は、探してみるとほかにも多数見つかった。また、一九八四年に南極で見つかっていた火星隕石ALH84001が、火星表面からの放出後に摂氏四〇度よりも高温になっていないことも判明した。そのような火星隕石はこれまでに一〇〇個以上見つかっている。かの赤い惑星に生命が存在していたなら、地球に達して生き延びるチャンスがあったことは明らかだ。

さらに興味をそそるのが、地球はおよそ四〇億年前まで生命に適さない環境だったという科学的コンセンサスをよそに、三八億年前の生命の証拠が見つかっていることだ。ダーウィン的進化でこれほどすみやかにDNAベースの生命が出現したとは、何がどうなれば可能なのかと科学者は考えた。地球の生き物からわかるように、生命は利己的である。ダーウィン生物学の根本原理は生命の生き残り能力を高める選択的かつ自発的な適応であり、生命の目的は生き残り、つまりは繁殖だ。生命はパンスペルミアを通じて拡散することでその生き残りを確保する、という説にはどれほどの妥当性があるのか？

二〇一八年、ポスドクのイダン・ギンズバーグとマナスヴィ・リンガムと私は「銀河パンスペルミア」と題した論文を発表した。そのなかで分析モデルを提案し、銀河系内の惑星系に捉えられて、生命を宿していたならパンスペルミアを発生させうる、岩または氷の天体の総数を推定した。

われわれはまず、私たちが火星起源である可能性を検討した。地球上の生命が火星上の生命の子孫であるためには、物質が惑星間空間に放り出されるほどの威力を持つ小惑星または彗星が火星に衝突すること、そして放り出された物質が地球にたどり着くことが必要だ。また、きわめて重要なこととして、乗り合わせていた生命が何であれ、それが惑星間旅行や放出と着地を生き延びる必要がある。

火星は何十億年と存在しているあいだに、人間よりも大きな宇宙デブリに何兆回と衝突されてきた。その多くでは、放り出された岩に生命の構成要素が残っていてもすっかり死滅することと請け合いの温度と衝撃圧力が生まれた。だが、放り出されたなかには火星隕石ALH84001のように、その温度が水の沸点を上回らなかったものもあり、一部の微生物が生き延びられた。つまり、火星に生命が存在していたなら、そうしたわりと穏やかな衝突によって宇宙空間に放り出された岩のどこかで、まだ生きているかもしれないのである。推定によると、火星はそうした断片——生命が生き延びられる程度に温度の低かった物体——を何十億と放り出してきた。

微生物が火星からの放出を生き延びたとしても、惑星間旅行を生き延びられる可能性はどれほどあるのか？　この点については、紫外線が細菌にとってどれほど致命的かを中心に活発な議論がなされてきた。だが、紫外線や電離作用にきわめて強い放射線抵抗性細菌が発見されており、それらはこの旅行を生き延びられそうだ（地球で見られる一部の細菌が、紫外線などの放射線へのそうした極端な耐性を実際に示しており、それらは火星起源という可能性が高い）。そのうえ、小惑星や彗星の内部で紫外線などから守られるとするなら、生き延びた細菌の仮想プールが大きくなる。岩のシールドの厚みは数センチ程度で十分かもしれない。別の研究では、枯草菌の胞子が最高で六年も宇宙空間で生き延びられることが実証されているし、一〇〇万年単位という途方もなく長いあいだ生きていられそうな細菌もある。さらに、みずからをバイオフィルムで包んで有害な放射線からの保護能力を大幅に高められる細菌コロニーに関する仮説も立てられている。

別の論文で、学部生のアミール・シラージと私は、地球の大気圏を漂う細菌が海抜わずか五〇キロのあたりをかすめた天体に拾われて太陽系を脱出していた、という可能性を計算した。恒星間空間へと飛び去るそうした天体は、カプチーノの表面の泡をすくうスプーンにたとえられよう。ただし、地球上の生命の残りかすとともに旅を続けるわけだが。計算したところ、地球ができてこのかた、この惑星の大気圏を何十億というそうした「スプーン」がすくっていた。

細菌はこの旅を生き延びるだろうか？　私たちを地球に縛り付けている重力加速度をgとして、戦闘機のパイロットが操縦時にぎりぎり耐えられる加速度は一〇gと言われている。だが、地球をかすめる天体が微生物をすくっていくときの加速度は数百万gにもなろう。微生物はこの衝撃を耐え抜けるか？　ことによると可能だ。枯草菌や、線虫の一種のカエノラブディティス・エレガンス、放射線抵抗性細菌のデイノコッカス・ラディオデュランス、大腸菌、脱窒菌の一種のパラコッカス・デニトリフィカンスといった細菌が、それよりも一桁小さいだけの加速度を生き延びられることが示されている。このように、宇宙旅行には人間の最高の宇宙飛行士よりもこうした微小な宇宙飛行士のほうがはるかに適している。火星隕石ＡＬＨ８４００１の場合のように、天体の深部が過熱状態にならずに済んでいれば、これらの細菌は地球表面との衝突を生き延びられるかもしれないのである。

　このデータからは、私たちが火星起源だという可能性を退けられないことがわかる。だが、もっと奇想天外な可能性はどうだろう？　地球上の生命の本当の起源は、火星での乗り継ぎがあったかどうかを問わず、恒星間ないし銀河間だったりしないだろうか？　可能性はある。パンスペルミアの現実味を詳細に分析した結果として、われわれは、生命を宿した天体で銀河がいっぱいになっている可能性のある条件の存在を明らかにした。速度の遅い天体は惑星の重力による引力に捕らわれる可能性が高いものの、われわれは何百万年と生き延びられる細菌が存在するという既知の事実をもとに、生命を宿した天体が惑星に衝突する確率が有意にあると推定した。さらに、銀河系の銀河中心で重力による拡散事象が起こった場合、岩石質の物質の放出速度は銀河中心が銀河系全域に種を蒔けるほどの極端な速度になりうると予想した。

　そうした生命の種は細菌に限定する必要すらない。ダーウィン進化が可能なウイルスの一部にも十分な耐性があることがわかっているし、もっと複雑な生命にこの旅行ができる可能性すらある。南極の永久凍土から発見された二種類の南極線虫が、推定三〜四万年の生体冷凍保存――代謝プロセスが停止した期間――ののちに生き返ったのだ。惑星間旅行で遭遇しうる条件や期間にこうした生き物が耐えられるなら、自分は火星の生命の子孫ではないと言い切れる者などいようか？

　この件については、オウムアムアの賭けに正しく賭けると見返りがすぐにあるかもしれない。地球外知性の証拠をすでに目撃したというほうに賭ければ、私たちが掲げる問いと企てるプロジェクトがどちらも違ってくるからだ。考えてみよう。パンスペルミアの自然発生確率を高めるためだけになされてきた科学的歪曲は、管理されたパンスペルミアの可能性を考えるとすべて是正される。生命を惑星から安全に放り出すには？　みずからの手で放り出せばいい。惑星間や銀河間を旅行中の生命を宇宙が及ぼすさまざまな害に対して十分に保護するには？　ロケットをそうなるようにつくればいい。生命が育まれて維持され、きわめて長期にわたる銀河間旅行を生き延びるようにするには？　ロケットをそうなるようにもつくればいいのだ。

高度な地球外テクノロジーへの賭け

かなりのことが、オウムアムアの賭けに対する私たちの対応にかかっている。最も無難な対応は、かの天体は特異な岩であってそれ以上のものではないと考え、慣れ親しんだ思考習慣に固執することだ。だが、かかっているものがなにしろ多いのに、無難な対応ではこれ以上先へ行かない。

オウムアムアは高度な地球外テクノロジーの断片だというほうに思い切って賭けると、得することばかりだ。そのおかげで乗り気になるのが生命の兆候の系統的探査であれ、もっと野心的な技術プロジェクトであれ、楽観的な賭けは私たちの文明を一変させる影響力を持ちうる。一〇〇万年単位のビジョンの実現に向けた検討、計画、行動が人類にできるなら、宇宙の生命は爆発する恒星が放つ閃光に乗り、時空をまたにかけた途方もないチャレンジに乗り出せる、と私たち人類が請け合えるようになるかもしれない。実証済みのライトセイルテクノロジーをだしにこんなことを考えていると、太陽光を受けてくるくる回るセイルが、新たな土地に根付くべく風に乗って飛ばされるタンポポの種の毛にしか見えなくなってくる。

話はここで実験室起源の生命に戻る。オウムアムアの賭けに慎重に対応するなら、この尋常ならざる達成を生物医学研究にとっての意味合いのみで称えることになる。だが、野心的に対応するなら、実験室における合成生命づくりは、太陽の避けがたい死後になるかもしれないにしろ、地球の生命がグレートフィルターを突破するための手段となりうる。

私たちの文明が十分大胆で十分長く存続するなら、いつか宇宙に打って出て、今いる宇宙領域と本質的に似ている別領域へ移住するだろう。私たちはその過程で必ずや先達の足跡をたどるに違いない。地球で古代文明が川べりを目指して移り住んでいったのとまさに同じように、進んだ技術文明はハビタブル惑星から銀河団へと、資源の豊富な環境を目指して宇宙じゅうに移り住むことだろう。

ただし、私たちも含めてどの文明も、星間への移住という飛躍を遂げるためには、それを計画して準備するあいだは故郷の惑星を保全できるほど賢明でなければならない。そして、生命は地球にしかいないという考えに私たちのこれほど多くが、砂粒を摑んで離さないアリのごとくしがみついているうちは、人類がそうした飛躍を遂げられる可能性は低い。

13　特異点

さらなるデータ

オウムアムアは地球外テクノロジーの装置である。

これは仮説であって、事実の言明ではない。また、科学的仮説の例に漏れず、データとの突き合わせを待っている。そして、科学の世界ではよくあることだが、手持ちのデータは決定的ではないものの、量はかなりある。

オウムアムアないし同様の天体について、すでに集まっている以上のデータが新たに得られる可能性はあるだろうか？

前回目撃されたときのオウムアムアは、こちらから猛烈な速さで、史上最速のロケットの何倍も速く遠ざかっていた。だが、私たちにはライトセイルのような、ロケットよりも速い宇宙旅行テクノロジーを開発する力がある。あるいは、オウムアムアのような天体を今度はこちらへ向かってくる途中で発見できれば、従来型のロケットで接近できるだろう。

そうした天体に接近する宇宙船を打ち上げることになったら、表面の写真を撮れるかもしれない。どのような証拠が得られるだろうか？　ほぼすべてが、今わかっていることの高精度データということになろう。適切な撮影技術を用いれば、大きさ、形状、組成、光度についてより多くのデータが得られるだろうし、ＮＡＳＡがロケットに必ず付けている星条旗のような、製造元のマークがはっきりわかるかもしれない。どのような証拠であれ、私は大歓迎だ。

それでもオウムアムアは逸れていた

オウムアムアのような天体について新たな証拠が得られるまで、そして得られない限り、われわれ科学者は手持ちのデータに取り組むしかない。そのデータは本書で繰り返し唱えてきた次のひと言にまとめられる。

それでもオウムアムアは逸れていた。

二〇一七年一〇月一九日に人類が初めて発見した恒星間天体オウムアムアは、小さくて、光をよくはね返し、妙な自転を見せ、円盤状の可能性が高く、太陽の重力だけで説明できる軌道から逸れていたが、ガス噴出は観測されなかった。時空における起源が局所静止基準だったことも含めたあらゆる性質から言って、オウムアムアは統計上かなりの外れデータということになる。これがランダムな軌道上に存在する大量の天体の一つであるためには、放出された固形物の量が、ほかの恒星の惑星系に存在しているよりもはるかに多いことが必要とされる。だが、オウムアムアの厚みがきわめて薄かったなら、あるいは軌道の背後に意図があったなら、この問題は扱いやすくなりうる。

一方、科学者の圧倒的多数は、オウムアムアは自然にできた天体、特異どころか奇想天外ですらあるが彗星であり、あれだけの特異性はあっても恒星間岩体にすぎない、という結論を軸にまとまっている。それでもオウムアムアは逸れていた。

オウムアムアで観測された奇想天外な特徴それぞれを説明できそうな自然現象の仮説は立てられる。それに基づくと、オウムアムアが類を見ない岩体である確率はおよそ一兆分の一だ。そのうえ、近隣の恒星とその周囲の惑星系から十分な量の物質が放出されており、それがオウムアムアのような天体がランダムに存在するための供給源となっている、という仮説はいっそう考えにくい。2I／ボリソフのような普通の恒星間天体としての物質がさらにもっと必要になるからだ。

集まっているデータからは、オウムアムアはもしかすると機能を停止したか破棄されたかした地球外テクノロジー、という別案が考えられる。今あるデータには、この天体に関する論文を書いてきたほぼ誰からも過小評価されている事実がある。オウムアムアの特徴を一つ残らず実現できそうな宇宙船を、人類がその気になればわずか数年でつくれることだ。つまり、オウムアムアに見られた性質をすべて持つ天体とその説明とを最も単純かつ直接的に結ぶのは、オウムアムアはつくられたものとする考え方である。

科学界の大半がこの仮説を違和感なしには扱えずにいるが、その理由はつくったのが私たちではないからだ。ほかの文明がつくったという可能性を受け入れるためには、重大な意味を持つ発見の一つ——宇宙において私たちは唯一の知性ではない——を体現する何かが最近太陽系を通過していったという可能性を受け入れなければならない。そのためには考え方を改める必要がある。

きわめて特別だが唯一無二ではない

オウムアムアに関する私の仮説を受け入れるためには、何より謙虚さが求められる。私たちはきわめて特別かもしれないが、まず間違いなく唯一無二ではない。このことを受け入れる必要があるからだ。

ここでいう「きわめて特別」とは言葉どおりの意味ではない。〝私たちは星くずでできている〟という詩的な表現がよく知られているが、同じことはあまり詩的ではないものの〝星は私たちと同じ物質でできている〟とも表現できる。宇宙についても同じだ。なにしろ、宇宙におけるなにもかもが、ビッグバンで現れた物質と放射線からなる濃密なスープの中で始まった。とはいえ、受け持っている学部一年生向けのゼミで私が学生に伝えているとおり、私たちは皆同じ普通の物質でできているが、それはきわめて特別な人になることの支障にはなっていない。それよりも、私たちを形作っている物質からなる組織が長い年月をかけて命の素となったことのほうがはるかに重要だ。そして、これまで宇宙で発見されてきた何もかもと異なり、私たちは、私たちだけが、かくも有機的である。

きわめて特別と唯一無二には重要な違いがある。一六世紀の天文学者ニコラウス・コペルニクスについて考えてみよう。彼は惑星が太陽の周りを回っていると初めて唱えて、私たちの宇宙観におそらく唯一無二の貢献をした。この議論を展開している彼の著書は、彼が亡くなる直前の一五四三年に出版されたが、ほぼすっかり無視された。同書に注目したのはごく一部の天文学者で、そのほとんどがコペルニクスの友人だった。だが今日、地動説の起源はコペルニクスとされている。そして、〝地球も人類も宇宙で特別な地位を占めているわけではないし、宇宙には唯一無二だの特別だのという場所はなく、人類がいるここもそれ以外のどこも同じ〟とする考え方には彼の名が冠されている。このコペルニクス原理に、今では皮肉な補足を付け足せる。すなわち、宇宙に関するこの根源的な事実を解き明かした種や文明に特別なところは何もない。宇宙のここ以外に存在しているどの文明も同じ理解に達しているだろうからだ。

このような発想を、考えるにとどまらず受け入れもすれば、目の前に驚くような可能性が開けてくる。

マティアス・ザルダリアガと私は、人類文明はメートル波の電波でノイズを大量に発生させていると気づいたとき、ならばほかの文明が同じ周波数帯でノイズを発生させているかもしれないという発想は合理的だと考え、その証拠探しを提案した。また、エド・ターナーと私は、太陽系の周縁部にハッブル相当の宇宙望遠鏡を据えると東京が見えるとわかったとき、ならばほかの文明の都市や宇宙船が放つ同様の微光を探すという発想は合理的だと考えた。ほかにも、ポスドクのジェイムズ・グィロチョンと私は、人類はライトセイル推進の宇宙船を実際に送り出せそうだという結論に至ったとき、ほかの文明も同じ考えを持つに至りうると考え、そうした発射で放たれたとわかるビーム探しを提言した。

人類はそうしたライトセイルを設計すべく（まだ実際につくってはいない）スターショット計画を進めている。よって、ほかの文明もライトセイル式宇宙船を実際に送り出す前には似たようなプロジェクトを立ち上げた、と想像することも理にかなっている。

プロジェクトの立ち上げまでに彼らがどのような過程を経たか、今の私にはわかっている。そんな想像を私は好んでしている。

彼らのなかにいた平和主義者が心配する様子が思い浮かぶ。一〇〇ギガワットのレーザーで加速された宇宙船が、異星人文明めがけて光速の数分の一という猛スピードで近づいてきたら、相手からは脅威だと、ともすると宣戦布告だと解釈される可能性が大いにある、と。これに対し、彼らのスターショット計画諮問委員会の委員長は、おそらく私と同じように、そうしたリスクはきわめて小さいと答えただろう。私は次のように説明した。まず、地球外生命についてては知的かどうかを問わず、その性格どころか存在するかどうかもわかっていない。それに、別の生命が実際に存在していたとしても、わずか数グラムという私たちの宇宙船が気づかれる可能性は低く、持っているエネルギーは一般的な小惑星レベルなので、たとえ気づかれてもそう認識される可能性が高いだろう。それに、あの小さな宇宙船を何光年も先にある惑星に当てようと狙いを定めるなど、まったく非現実的だ。当てるためには一〇億分の一ラジアンという角分解能が必要だし、そもそも二〇年にわたる旅路のあいだに惑星と宇宙船との相対的な位置関係をこの精度で把握する手段がない。宇宙船の目標は惑星への到達ではなく、惑星の何千倍も大きな軌道範囲への接近となり、その場合に偶然衝突する確率は一〇〇万分の一未満である。

彼らのエンジニアがプロジェクトの現実味に疑問を投げかけることも想像がつく。星間を漂う塵の粒や原子との衝突による宇宙船の損傷についてはどう考えているのか？　彼らの委員会の委員は私と同様うなずくと、宇宙船や搭載カメラは厚さ数ミリのコーティングで十分守れるはずだと答えただろう。エンジニアのなかでも楽観的な向きが、減速機構が搭載されないことに不満を漏らすと、それは本質的な制約事項だという指摘が丁重になされたことだろう。スターショット計画の場合、距離、宇宙船の必要最小限の重量、求められる速度を考えると、接近通過（フライバイ）時に写真を撮る機能の実現は遠大な目標と言って差し支えなかった。遠大な目標だとは別の意味でも言える。なにしろ写真が撮れれば、あの星に植生が、海が、ともすると何らかの文明のシグネチャーが見られるかどうかなど、高性能の望遠鏡で遠くからではなく大写しの写真で確かめたいさまざまな問いへの答えがはっきりするかもしれない。

彼らの科学者がこのプロジェクトを売り込みにかかったときには、予算に慎重な向きから、そうした企ては金額に見合っているかどうかを疑われたに違いない。想像するに、この件については計画の後ろ盾である委員会が、スターショット計画の委員会とまさに同じく、規模の経済の驚異的な働き方を指摘しただろう。スターショット計画の場合には私が次のように答えた。ご指摘のとおり、レーザーの建造は高くつくだろうし、ライトセイル宇宙船を地球の大気圏外へ運ぶのにも費用がかかる。だが、宇宙船そのものは安上がりで、スターチップは一機数百ドル程度と見込まれている。したがって、多額の投資をひとたび行えば、何千とはいかなくとも何百という目標めがけて数日に一度発射することになってまったくおかしくない。

ここからは私の希望的観測だが、科学知識と謙虚さを兼ね備えた、私と同じ役割を担うかなたの楽観主義者が、こうしたさまざまな制約やリスクがあっても、このようなライトセイル機の打ち上げこそが次の大きな躍進になると指摘したことだろう。また、それなりの数の異星人科学者が、私たちが太陽を眺めるようにそれぞれの主星を眺め、彼らの惑星ないし恒星系のスケールと比べた宇宙のスケールに畏敬の念を覚えて、このプロジェクトを称えたことだろう。彼らはきっと、こうしたライトセイルはほかの星々に達するための最も現実味ある次の一歩だと結論付ける。さらには、高速で移動する特異な形状のライトセイル機がいつの日か目撃されて、「星間クラブへようこそ」というメッセージ兼招待と認識されることまで、私たちとまるで同じように想像するかもしれない。

オッカムの剃刀

人類は平凡極まりない。そう認識するためには想像力と謙虚さが必要だ。思うに、私たちがグレートフィルターを突破するためにはどちらの資質も欠かせない。だがもう一つ、オウムアムアの特徴は設計意図の反映であって複雑な偶然の結果ではない、という最も単純な説明を進んで検討する姿勢も求められる。

本書の前のほうで、オッカムのウィリアムと彼の有名な剃刀、すなわち〝最も単純な解がおそらく正しい〟という戒めについて触れた。オウムアムアに限らずどのような現象に対峙するときにも、この剃刀を手に取るのが賢明だ。経験から言って、高慢な顎からひげを剃るときに活躍するのがこれである。

悲しいかな、単純さは必ずしも流行らない。

うちのポスドクとのミーティングで彼らが各自の研究について説明していたとき、「理論モデルをもっと複雑にして、データの説明が自明に見えすぎないようにしたほうがいいでしょうか?」と訊かれたことがある。いくつかの研究は完成間近でさえあったにもかかわらずだ。私はまず驚き、そして彼らがそう思う理由を聞いてすっかり考えさせられた。

単純さの長所は特に天文学者には明らかなはずである。なにしろ、コペルニクスによる太陽中心の惑星系の威力はその単純さにある。彼が覆すのに一役買った従来の説、すなわちギリシャの天文学者プトレマイオスによる地球中心の惑星系には、証拠が蓄積されるほどいっそう苦しい曲解が必要となった。プトレマイオスの失敗とコペルニクスの成功は今なお、駆け出しの天文学者を相手に最もよく引き合いに出される逸話である。天文学者の仕事は、何世紀にもわたって指導教官が学生に説明してきたとおり、データに対する最も単純な説明を探すこと、そしてギリシャの博識家アリストテレスのような思い上がりを避けることだ。アリストテレスはあれほどの才能がありながら、宇宙は完璧でなければならないという思い込みから証拠に反して、惑星や恒星は完璧な円でのみ運行できると主張した。彼の間違いは疑いの余地なき事実となり、その後何世紀もそのように扱われた。

同様に、二〇世紀最後の数十年、少ない数のパラメーターで説明できる初期宇宙モデルに――ひと言で言えば単純さに――天体物理学者は懐疑的だった。データはほとんどなく、天体物理学者の大半がこのモデルは単純にすぎると結論付けていた。だが、二一世紀の初め頃に十分なデータが集まって、確かに宇宙は考えられる限りの単純な初期状態から出発していたことが実証された。データは初期宇宙がほぼ一様等方（どこも同じ、どの方向も同じ）だったことを示しており、今日見られている複雑な構造は、そうした理想条件からの原初の小さな逸脱が重力の影響で不安定に成長した結果として説明できる。この単純なモデルは今や現代宇宙論の基礎だ。

こうしたさまざまな教訓をふまえると、二一世紀のハーバード大学で何人ものポスドクが自分の研究に複雑さを加えるべきかを訊いてくるという事態に首をかしげたくなるかもしれない。だが、公正を期して言うと、彼らにはそれなりの理由があった。

今日の厳しい求人市場では、古参の学者を感心させることが唯一最大の急務と映る。駆け出しの学者は、数学的に複雑で難解な導出が長々となされていないとだめだと感じるのかもしれない。あるポスドクが私に言った言葉を借りれば、彼らは「今後のキャリアを考えるとき、長くて複雑なプロジェクトと、短くて洞察に富む論文と、どちらの戦略を選ぶべきか決めあぐねて」いる。

古参の学者は自分の論文に微妙な含みを加えてあまり詮索されないようにしたがることが多い。彼らが学んできた教訓によれば、複雑さはエリートの証として価値があり、大勢がそれに応じて報われている。

私は研究や指導においてその反例を示すよう努めている。うちのポスドクには、手短にまとめられた理解しやすい知見がえてしてその分野を活気づけ、科学界によるフォローアップ研究を促すことになると教えている。簡潔にして知的に豊かな仕事こそが就職の見込みを高めるのだと私と同様信じるよう説き、研究を明快に説明できるかどうかは、自分の理解していることだけを記述し、理解していないことをそうと認めることにかかっていると言い聞かせている。だが、彼らは決まってこう返す。ハーバード大学天文学科長の私がそう言うのは簡単だ。

彼らは本当に難しい立場に置かれており、この状況が二一世紀の科学に及ぼす影響が案じられる。そして、これは科学界に限った話ではない。学問の世界では、複雑さのための複雑さに報いることを通じて、才能や資源が特定の方向へ流れ、ほかが蚊帳(かや)の外になっている。それに、エリートを自任する者による学問の隔絶が助長され、多大な資金源である市民の関心が軽視されるという事態も招きかねない。

これは深刻な問題であり、その影響は学問の世界のはるか外まで及ぶ。その理由を理解するため、今日の天体物理学者が対峙している最大の謎の一つを取り上げよう。ブラックホールの科学だ。

ブラックホール・イニシアチブ

スターショット計画の発表から一〇日あまりとなる二〇一六年四月、私は世界初の学際的なブラックホール研究センターであるブラックホール・イニシアチブ（ＢＨＩ）をハーバード大学に創設した。二つのイベントの時期が近かったおかげで、ニューヨークで私やユーリ・ミルナーやフリーマン・ダイソンと一緒に会見に臨んだスティーヴン・ホーキングが、マサチューセッツ州ケンブリッジで行われたＢＨＩの目標を発表する会見で私や同僚らとともに登壇できた。

ホーキングの登壇は幸運だったが、ＢＨＩの立ち上げはほかの理由でも幸先が良かった。一〇〇年前、ドイツの天文学者で物理学者のカール・シュヴァルツシルトが、アルベルト・アインシュタインによる一般相対性の式を解いたのだが、ブラックホールの存在を示す天文学的証拠が何かしら見つかる何十年も前に、彼の解はブラックホールを記述していた。だがそれから一〇〇年経っても、天文学者はブラックホールをまだ写真に収められずにいた。

ＢＨＩの創設イベントはさまざまな理由で忘れられないものとなった。たとえば、この歴史的プロジェクトの立ち上げによって私の職業上の目標が一つかなえられている。前途有望なマッチ棒を集めるためのマッチ箱をまた新たに用意できたことだ。ほかにも、ＢＨＩは私が長年唱えてきた科学への学際的アプローチを体現しており、天文学者、数学者、物理学者、哲学者が同じ屋根の下に集まっていた。

だが、もっと単純な満足も得られていた。創設イベントに来ていた写真家が、壇上のスティーヴン・ホーキングをはじめとする関係者に下の娘のロテムが加わった集合写真を撮ったのだ。予定にはなかった撮影だが、あとから思うにロテムの存在は欠かせない。科学の進歩は世代を超えた営みの成果であり、人類の進歩による恩恵は何世紀にもわたって蓄積されていく。たとえば、今現在この地球上に点在する望遠鏡数千台と地球の周りを回っている数台はどれも、ガリレオが同じ空へと向けていたものの直系の子孫だ。

会見後、妻と娘たちと私は、ホーキングを含めた少人数の関係者を迎えて過越祭の夕食会を催した。ＢＨＩの創設を世界に向けて発表した数日間にはスピーチが数々なされたが、なかでも私にとって最も大きな意味を持ったのが、ホーキングがわが家で行った数分足らずの手短なスピーチだ。わが家のリビングに集まった少人数の会衆に対し、彼は「慌ただしい旅でした」と言って、私たちの意識をスターショット計画や宇宙へと戻した。

アヴィと私は先週ニューヨークで、星間空間における私たちの未来が関わる新たな計画を発表しました。[1] ブレイクスルー・スターショットでは、光速の二〇パーセントを出せる宇宙船の製作に挑みます。この速度なら、ロンドンからの旅は四分の一秒もかかりません（が、ＪＦＫでの入国審査を含めるともっとかかります）。ブレイクスルー・スターショットで開発するテクノロジー――ライトビーム、ライトセイル、史上最軽量の宇宙船――を用いると、アルファ・ケンタウリに打ち上げからわずか二〇年で到達します。私たちはこれまで、恒星を遠くから観測することしかできませんでした。とうとう、史上初めて、恒星に到達できるのです。

あれがホーキングにとって最後の訪米となったこともあり、このスピーチは心に残った。わが家で催したこぢんまりした集まりで、彼は「近いうちに戻ってきて、新たに創設されたブラックホール・イニシアチブを支援したい」と言っていたが、それから二年もしないうちに他界し、このプロジェクトの成功も彼が夢見た星間探査も目にすることはなかった。

この頃耳にしたコメントのなかに、心に残っているものがもう一つあるが、その理由はあまり喜ばしいものではない。併せて開催された初のＢＨＩカンファレンスで、ある哲学者が講演の締めくくりに、「何人かの著名な理論物理学者からお話をお伺いした結果として、物理学界が一〇年以上支持している研究プログラムは正しいに違いないという結論に至りました」と述べた。すぐさま疑問を感じたこの心に浮かんだひと言、というか人名が、「ガリレオ」だった。

ガリレオは自作の望遠鏡をのぞいたあと、「科学では、一〇〇〇人が認める典拠に一人による謙虚な推論と同じ価値はない」と言ったとされている。その何世紀かあとにはアインシュタインも同じことを考えた。彼の一般相対性理論は間違っているという主張をまとめた一九三一年刊行の『アインシュタインに反論する一〇〇人の著者』と題した本には、二八人の学者による寄稿も含まれていたのだが、彼は同書について、自分が間違っているなら一人の著者が決定的な証拠をもとに反証するだけで十分なはず、と述べたと言われている。

ブラックホール・イニシアチブの行動規範の一つは、さまざまな視点で問題に取り組む大勢がそれぞれの推論で達した相容れない知見を尊重することだ。一つの強みとして関係者の興味の的が少しずつずれており、天文学者はブラックホールの初画像の撮影を目指し、物理学者は物理法則がブラックホールから受ける影響に見られる明らかなパラドックスの解消に焦点を絞り、数学者と哲学者はブラックホールの中心にある特異点の性質と安定性の解明をもくろんでいた（特に、哲学者はこのチームに欠かせない。誠実な哲学者は炭坑のカナリアの役割を果たし、知的誠実さが損なわれたら皆に警告する）。

BHIの設立関係者のあいだに共通点があったとしたら、ブラックホールを巡る説明のついていないアノマリーや疑問について、その研究を深めるようなデータを得ようと誰もが意気込んでいたことだ。そのアノマリーや疑問がまた途轍もない難題なのだが、簡単にご紹介しよう。

ブラックホールの主なアノマリーの一つに、科学者の言う「情報パラドックス」がある。量子力学によると情報は常に保持されるのだが、ブラックホールは情報を吸収したあと、蒸発して純粋な熱黒体放射（情報を伴わない放射）となりうる。スティーヴン・ホーキングが証明した現象だ。物理法則はブラックホールの縁で破綻するのか？　それとも何か別のことが起こっているのか？

ブラックホールが物質を「消滅させる」ように見えるという事実も主なアノマリーの一つだ。ブラックホールに吸い込まれた物質はどこへ行くのか？　ブラックホールの中心に集まって高密度の物体となるのか？　それとも、離れたところの貯水池へ漏れだす水のように、この宇宙を出て別の宇宙に合流するのか？

それより、もっと大枠の話として、相対論と量子力学の統一を導くような知見がブラックホールから得られる可能性はないだろうか？　アインシュタインは亡くなる間際まで統一理論に関する考察を書き付けていたが、この途方もない難題を解決するには至らなかった。スティーヴン・ホーキングも同じように、ブラックホールの性質がこの難題を解決するかどうかを検討して晩年を過ごしていた。二人の並々ならぬ知性を持ってしても解決には至らなかったが、二人のあとには大勢の天文学者や宇宙論研究者が続いている。

最後に、ＢＨＩが設立された頃の天文学者は、アノマリーならぬ手持ちの証拠にぽっかりあいていた穴を気にしていた。私たちはブラックホールの存在や性質を確定させるデータを数十年にわたって蓄積してきたが、ブラックホールの写真を撮ったことがなかったのだ。

その状況が二〇一九年に変わった。撮影に成功するまでの物語、すなわち、ブラックホールの初画像の具体的な撮影方法と、この宇宙版ミステリーを巡って今なお続く探偵作業のさなかにかくも重要な証拠を手に入れられるようになった経緯は、協力して周到に証拠を追い求めればそれまでの不可能を可能にできることを示す見事な実例だ。この素晴らしい達成の物語は、オウムアムアを決着のついた件と考えていない者、これを見て人類にもっと野心的なプロジェクトに賭ける気を起こしてほしいと願う者に、人類が協力して取り組めば想像もつかなかった物事を達成できることをあらためて教えている。ほかの事情のもとではありえない研究、発見、技術革新の快挙を成し遂げられるのだ。たとえば、地球サイズの望遠鏡の構築とか。

事象の地平面

うちのポスドクだったエイヴリー・ブロデリックとの共著で《サイエンティフィック・アメリカン》誌に寄稿した二〇〇九年の記事において、われわれはこの難題を「シューティング・ザ・ビースト（あの獣を撮る）」と銘打った。まず、距離の問題がある。いて座A*（エー・スター）は地球から最も近い超大質量ブラックホールで、二万六〇〇〇光年離れたところにある。候補にはもう一つ、同年に専門誌《アストロフィジカル・ジャーナル》で発表した論文で私たちが先駆けて推したブラックホールがあった。それが最終的に写真に収められたM８７で、こちらは五五〇〇万光年離れたところにあるが、途轍もなく大きい。とはいえ、この距離での撮影は、月面に置かれたオレンジの写真を撮ろうとするようなものだった。

したがって、本当に大きな望遠鏡が必要だった。もう少し正確に言うと、地球上に点在するパラボラアンテナをつなぎ合わせて形成される地球サイズの干渉計が必要だった。その実現には世界各地の施設の協力が求められた。ＢＨＩの運営に共に携わっているシェップ・ドールマンが率いたこの観測活動の成果がイベント・ホライズン・テレスコープ（ＥＨＴ）である。

定義上、ブラックホールは光を発しない。発しないどころか、その他もろとも光を吸い込む。だが、ブラックホールの周りを回る物質（一般にはガス）は、ブラックホールの重力による圧力下で加熱されて光を放つ。放たれた光の一部は重力による引力を逃れ、一部はブラックホールに吸収されて、シルエットとそれを囲む光の輪ができる。この輪が描いているのは光さえも抜け出せないブラックホール周辺領域の輪郭であり、これこそブラックホールの決定的な特徴である事象の地平面（イベント・ホライズン）、すなわち物質が一方向にだけ流れる球殻状の境界だ。事象の地平面は究極の監獄と言えよう——入れはするが決して出られない。ブラックホールは事象の地平面に隠れており、ラスベガスと同様、境界の内側で起こっていることは内側にとどまる。情報は一切漏れ出てこない。

ＥＨＴは、ブラックホールを直接観測してそのシルエットを撮影することを目指していた。このミッションには何年もかかった。ブラックホール・イニシアチブはデータ処理に協力し、得られた画像は二〇一九年四月中の数週間、学界内にとどまらず至る所で見かけられた。世界をまたにかけた望遠鏡を要する世界中を巻き込んだ努力から、人類のイマジネーションを刺激する写真が生まれたのだ。その一〇年前、ブロデリックと私は巨大銀河Ｍ８７のブラックホールによって形作られそうなシルエットの想像図を作成した。それに似た本物のブラックホールの画像が主な新聞・雑誌の一面や表紙を飾り、目にしたときは実に報われた思いがした。

この成功と私のＳＥＴＩ絡みの研究とには、はっきりしたつながりがある。ブラックホール・イニシアチブで明言している目標の一つは、学際的な関心のみならず一般市民の関心をも刺激することだ。われわれは市民の想像力をわしづかみにしたいし、する必要がある。われわれの探偵小説を読んで、理論とデータを厳格に突き合わせる営みを十分理解してもらうことを通じて、科学的成功を人類を挙げて祝福できるようにする必要がある。現在や未来の難題に立ち向かうために必要な志ある聡明な人材をできるだけ多く育てるにはこれしかない。

それに、科学者は市民に借りがある。われわれの研究資金の出どころは市民だ。科学的進展の大半は、もとをたどれば政府からの補助金に行き着き、それは市民が納めた税金で賄われている。したがって、直接または間接的に恩恵を被っている科学者は（つまりわれわれほぼ全員）、研究のみならずその手法も説明しなければならない。人類の宇宙起源、ブラックホール、地球外生命探しのような市民の関心の高いトピックについて、われわれは見返りとして最高に刺激的な発見や予想を伝える義務がある。

科学とは、孤立した象牙の塔にこもるエリートの職業ではなく、学歴を問わず誰にでも恩恵と高揚感をもたらす営みだ。天体物理学者の立場からはひときわそう思える。宇宙が差し出す疑問は、畏敬の念を呼び起こしてわれわれを行動に駆り立てるとともに、謙虚にもさせる。われわれの仕事は人類出現のはるか以前に起こった事象や、人類がいなくなったあとも長いこと存在し続ける天体に目を凝らすことだ。こうした研究対象に比べると、われわれに与えられている時間はごくわずかであり、われわれはその貴重な時間のなかで宇宙について研究し、その謎やパラドックスの答えを探っているのだ。

星間からの来客が教えてくれること

私は科学を信頼し、科学に希望を託している。そして生涯を通じ、楽観的だったおかげですぐに報われてきた。最後に、私が何を見返りに求めるでもなく何かを得るという体験、科学的探偵作業という地味で謙虚な営みから豊かな報酬を得るという体験を通じて考えるに至ったことをお伝えしたい。

ハーバード大学ブラックホール・イニシアチブのポスドクであるポール・チェスラーと私で、物質がブラックホールの特異点へ近づくにつれてどうなるかを理論化したとき、われわれは量子力学と重力を組み合わせたシンプルな理論モデルをつくるという形で進めることにした。それが、このモデルの数学的な意味合いを検証しているうち、物質の収縮ではなく膨張という、時間を反転させた問題にもこのモデルを応用できることに気がついた。ブラックホールの中への旅というリスクを冒す必要はない。行こうものなら、重力による潮汐力で引き裂かれ、フェイスブックへの投稿どころでなくなること請け合いである。そんなことをしなくても、リスクなしで膨張する宇宙を観測するという手があるのだ。つまり、万物は時間の最初の特異点――ビッグバン――に端を発しているのだから、身の回りにでも天空にでもそれに目を向ければいい。ブラックホールの特異点を記述する式を、宇宙が加速膨張するに至った過程の解明にそのまま使えると気づいたのだ。

父親の逃げたロバを探しているうちに自分の王国を偶然発見した。そんな聖書のサウロの物語のように、チェスラーと私はまったく違う目標を目指しているうち、予想外の知見を得るに至った。ブラックホールに関する理解を深めようとしていたら、加速する宇宙を説明するメカニズムを発見したのだった。

われわれの理論モデルは未完であり、いろいろと微調整が要る。それに、理論面の精査に耐えたとしても、将来得られるデータというギロチンに首をはねられずに済む新たな予測をする必要がある。この仕事の一部または全部がほかの理論や科学の他分野に有用という可能性もある。オウムアムア飛来の余波のなかで、このモデルをきっかけに抱いたある想いが私を捉えて離さない。それは、星間からの来客から私が得た教訓の一つでもある。

前にも触れたが、ほかの文明との遭遇は、おのれの至らなさを思い知らされる体験となりうる。進んだ文明から学べる可能性のあるさまざまな事柄をふまえると、私たちはいっそのこと至らなさを思い知らされるよう望みさえすべきだ。そうした文明は、私たちに答えを出せていない問題、あるいは私たちがまだ問うてさえいない問題の答えを多々知っているに違いない。だとしても、人類がいくらかでも知的信頼を得るためには、会話を切り出すに当たってこの宇宙の誕生過程に関するこちらの科学的知見を差し出すといいだろう。

おわりに

大勢の科学者がこう主張する。われわれが市民に情報を伝えるのは、科学界を挙げての探偵作業からほぼ満場一致の結論が出てからにすべきである、と。こうした意見を持つ同業者は、われわれの良好なイメージを保つには慎重な姿勢が欠かせないと考えている。そうしないと市民は科学者や科学的プロセスを疑うようになりかねないというのだ。それどころか、科学界でほぼ満場一致の結論が出ている場合にさえ、たとえば気候変動をいまだ疑問視する市民が少数いるではないか、と彼らはよく指摘する。科学の女神像を腐食させかねない論争に足を踏み入れるのはリスクが大きすぎると彼らは心配する。

私の見方は違う。われわれが信頼されるためには、科学研究が大方の市民が想像するよりも一般的でなじみのあるプロセスだと示す必要があると私は考えている。先ほどのような考えの同業者のアプローチではたいてい、科学とはエリートの職業だとするポピュリスト的な見方が助長され、科学者と市民とのあいだに疎遠な雰囲気が醸成される。だが科学とは、賢人にしか示せない反駁の余地なき真理を近寄りがたい手段を通じて手に入れる、という象牙の塔での営みではない。科学的方法は実際のところ、水漏れのあるパイプを直そうとする配管工が取る常識的な問題解決アプローチに近い。

思うに、科学の営みをほかのさまざまな職業の営みとさほど違わないものと見たほうが、実は研究者も市民も利するのではなかろうか。詰まった管を前にした配管工の場合と同じく、われわれは頭を悩ますデータを前にし、みずからの知識や経験、同業者の知恵をもとに仮説を立てる。そして、証拠に照らしてそれを検証する。

科学的プロセスの結果は実践者次第ではない。現実を定めているのは自然だからだ。科学者はできるだけのデータを集めること、そして証拠が限られている場合はさまざまな解釈について議論することを通じて、現実の姿を明らかにしようとしているにすぎない。この点については、大理石の塊からどうしてあのような美しい彫刻を彫れるのか、と尋ねられたミケランジェロの答えが思い出される。「私が取り掛かる前に、彫刻は大理石の塊のなかですでに完成している。もうそこにあり、私はただ余計な部分をノミで取り除いているだけだ」。同様に、科学の進歩の本質は、考えられる数多くの仮説のなかから余計なものを取り除くための証拠集めと言える。

間違っていたアイデアをいくつか却下しなければならない事態からは、おのれの至らなさを思い知らされる。だが、われわれはみずからの過ちを恥とは思わず、新しいことを学ぶ機会と捉えるべきだ。なにしろ、人類のささやかな知識の島は、周りを広大な無知の海に取り囲まれている。そして、この島の面積を広げられるのは証拠だけであり、裏付けのない確信にはそれができない。特に天文学者は謙虚になるよう心掛ける必要がある。宇宙という枠組みにおいて自分たちがいかに取るに足らないか、そして広範な物理現象について自分たちの理解している範囲がいかに狭いかに、われわれは対峙しなければならないからだ。宇宙について知ろうとするとき、われわれは謙虚に取り組み、過ちをあえて認め、リスクを率直に取る必要がある。それこそ子どもと同じように。

オウムアムアが地球外テクノロジーかもしれないという仮説を真剣に検討することに対して同業者がガードを固めているのを見て、私はよくこう思っていた。子どもの頃の好奇心と無邪気さはどこへ行ったのか？　私のＳＥＴＩに関する（今のところ）最も広く知れ渡った研究の結果として、私はメディア狂乱の当事者となったが、あの最中はたいてい次のようなシンプルな想いに駆り立てられていた。〝メディアの求めにこうして応じることで、世界のどこかの子どもを一人でも惹きつけられれば、私は満足だ。そのうえ市民を、うまくいけば同業者も、私の尋常ならざる仮説について進んで考えるよう仕向けられたら万々歳である〟

＊＊＊

本書の冒頭でハーバード大学の学部一年生に課している思考実験を取り上げたが、それと相通ずるまた別の思考実験をご紹介したい。

こんな想像をしてみよう。一九七六年、ＮＡＳＡがほかの惑星で——たとえば火星としよう——地球外生命の証拠が得られたと発表した。ＮＡＳＡが火星に送り込んでいた探査機が土壌を採取して分析したところ、生命の証拠が含まれていたのだ。これにより、〝地球の生命はこの宇宙で唯一の生命か？〟という究極の問いに答えがはっきり出た。くだんのデータは科学界から発表され、市民に受け入れられた。

それから四〇年、人類は日々の活動や科学研究を、地球の生命はこれといって特別ではないという意識を持ちつつ営んできた。生命の証拠が火星にあるなら、どこかほかにも生命がいることは統計的に見てほぼ確実だからだ。この認識をもとに、新たな科学事業や科学装置を評価して資金を援助する委員会では地球外生命探しのさらなる推進に予算を回す決定が下され、新たな探査の支援に公的資金が投じられてきた。教科書が書き換えられ、大学院教育の重点が変わり、これまでの臆測に疑問が投げかけられてきた。

今度は、火星で生命の証拠が見つかった四〇年後を想像してみよう。明るく輝き、妙な自転を示し、九一パーセントの確率で円盤状だという小さな恒星間天体が太陽系を通過した。それは観測可能なガス噴出なしで滑らかに加速されて、太陽の重力だけから定められる軌道から逸れており、この逸脱を生んだ上乗せ分は太陽からの距離の二乗に反比例して減少していた。

天文学者はこれらのアノマリーを理解するに足るデータを集めており、データを検討した科学者のうち数名が、特異な特徴の数々に対してはこの天体が地球外起源だという説明が考えられると発表した。

この代替現実において、専門家や市民はこの仮説にどう反応するとあなたは考えるだろうか？

地球外生命の証拠を四〇年かけて受け入れてきた世界では、オウムアムアの特異な特徴の説明として唱えられた尋常ならざるさまざまなシナリオのなかにあっても、この仮説はそれほど奇想天外とは見なされないと私は予想する。ひょっとするとこちらの世界では、この四〇年で態勢を整えてきたおかげで、オウムアムアを発見して調べる備えができていたかもしれない。だとすると、科学者はオウムアムアを二〇一七年の七月には発見できていたかもしれず、探査機を打ち上げてこの特異な天体を出迎えて近くから表面の写真を撮影できるくらいの時間は確保できただろう。

それに、スターショット計画で最初のライトセイル探査機が宇宙に送り出される日を待っている今の私たちとは違い、こちらの世界ではひょっとすると今頃、二〇年前に発射された探査機からデータが送られてくるのを待っていたかもしれない。

この思考実験には目的が二つある。一つは、宇宙から差し出されるデータはコントロールできないが、データをどのように求め、評価し、将来の科学事業の舵取りを変えていくかはコントロールできると私たちにリマインドすることだ。なにしろ、集めた証拠の範囲内で受け入れることにした可能性の世界、人類が力を合わせて検討することにした可能性の世界が、子や孫たちが生きることになる世界をほぼ決めてしまう。

この思考実験のもう一つの目的は、逃した機会を浮き彫りにすることである。

一九七五年、ＮＡＳＡはバイキング計画で二機の探査機を火星へ送り出した。翌年、両機とも火星に到着し、それぞれの着陸船が実験として土壌の試料を採取して分析した。結果はすべて地球へ送信された。

二〇一九年一〇月、《サイエンティフィック・アメリカン》誌に発表された記事において、バイキング計画で行われた実験の一つ、「標識放出」実験の主席研究者だったギルバート・Ｖ・レヴィンが、彼の計画した実験では火星に生命がいる証拠となる肯定的な結果が得られていたことを明らかにした。生命の証拠を求めて火星の土壌を調べる準備が整えられていた同実験において、「われわれはあの究極の問いへの答えを得たように見えた」[1]とレヴィンは述べている。

実験はシンプルだった。火星の土壌に栄養素を注ぎ、土壌に含まれている何かがそれを養分として消費するかどうかを確かめるのだ。探査機には放射線測定装置が搭載されており〔この実験における「標識」は放射性炭素原子〕、消費によって生成される代謝の形跡があれば検出できた。加えて、既知の生命ならすべて死滅する温度まで土壌を熱したうえでこの実験を繰り返すことができた。一回目の実験で代謝の証拠が得られ、二回目の実験で得られなかったなら、生物の働きがあったと示唆される。

あの実験ではまさにそうと示されたのだ、とレヴィンは言う。

ところが、ほかの実験では火星上の生命を裏付ける証拠が見つからず、一回目の実験の結果はＮＡＳＡから偽陽性と見なされた。以来数十年、ＮＡＳＡの火星着陸機にこの実験を追試する装置が搭載されたことはない。

ＮＡＳＡをはじめとする宇宙機関は、過去に生命が存在した兆候を探す装置を搭載した探査車を火星に着陸させる計画を進めている。ＮＡＳＡの探査車に搭載された装置には、Scanning Habitable Environments with Raman and Luminescence for Organics and Chemicals、略してＳＨＥＲＬＯＣ（シャーロック）というふさわしい名称がつけられている〔「ラマンと蛍光を用いて有機物と化学物質を探すハビタブル環境走査」の意。ＳＨＥＲＬＯＣを搭載したＮＡＳＡのパーシビアランスが二〇二一年二月に火星に着陸している〕。どれほどもたついているにせよ、科学的探偵作業が続いていることには、誰もがいくらか慰めを見いだせよう。

後記

二〇二〇年九月一四日、地球上の科学者が、別の惑星の大気中に存在するバイオシグネチャーらしきものを初めて報告した。地球外生命に関するこの新たな証拠らしきものが見つかった場所は、どこかかなたの恒星付近ではなく、オウムアムアの場合と同じく太陽系の内側、地球のすぐ横だった。

イギリスのカーディフ大学のジェーン・グリーヴス率いるチームが、暫定的にではあるが、お隣にある金星の雲の中にホスフィン（リン化水素、PH_3）と呼ばれる化合物を発見したのだ。[1] ミリ波の光に吸収スペクトルという形の〝指紋〟を探していた彼らは、金星表面から五〇〜六〇キロの上空でこのガスを示す兆候を検出したのである。今の金星表面は熱すぎて液体の水は存在できず、生命は私たちの知る限りその岩がちな地表には居住できない。だがこれほどの高度になると、気温や気圧が地球の下層大気の条件と似かより、大気中に浮遊している液滴内部で微生物が生きている可能性が間違いなく高まる。[2]

地球の場合、ホスフィンは生命の産物だ。そして本書の執筆時点で、金星大気中で検出された濃度のホスフィンを生成することが確かめられている化学経路はほかにない。

ほぼ三年前のオウムアムア発見時と同じように、天文学界はこの有望な発見で大いに活気づいた。そしてやはり同じように、うちの研究グループでは最初の発表に刺激を受けてさまざまな計算が行われた。マナスヴィ・リンガムと私の計算によると、金星の雲の層に見られた量のホスフィンを生成するのに必要な微生物の最低密度は、極端に高いどころか、地球の大気中で見られるよりも何桁も低かった。[3] 言い換えると、金星に生命が大量にはいなくても、その兆候は地球から検出可能なのだ。ほかにも、アミール・シラージと私は、惑星をかすめる小惑星が地球大気と金星大気のあいだで微生物の受け渡しをしていた可能性があることを示した。[4] これは、存在していればの話とはいえ、地球と金星の生命に共通祖先がいるかもしれないことを示唆しており、検証も可能である。

オウムアムアの場合と同様、金星のホスフィンは発見の新たな旅路の終わりではなく始まりだ。今後、科学者はデータをさらに集めて、報告された検出の現実味を確かめるとともに、ホスフィンを生成する天然の経路が生物絡みに限られるかどうかを確かめていくことになる。生命の決定的な証拠は、探査機が実際に金星を訪れ、その雲から試料を採取し、その中から微生物を探し当てるまで待たなければならない。つまり、探偵作業はこれからも続くのだ。

謝辞

私の終わりなき子ども時代を通じて好奇心と畏敬の念を育んでくれた、賢明なる両親のサラとダヴィドに、そして無条件の支えと愛情で私の人生に生きる意味を与えてくれている、千載一遇の妻オフリットとすっかりきれいになった娘のクリルとロテムに、心から感謝したい。

私は科学者人生を通して大勢の優秀な学生やポスドクとの共同作業から多大な恩恵を受けてきた。うち数名については本書の各所でその名に言及しているほか、私のウェブサイトhttps://www.cfa.harvard.edu/~loeb/から研究の詳細にアクセスできる。ラビ・ハニナがタルムードで言っているように、「私は多くを師から、さらに多くを同僚から、最も多くを学生から学んできた」

本書はそのサポートチームの主要メンバーがいなかったら生まれなかったに違いない。とりわけ、慌ただしい研究スケジュールの合間を縫ってでも執筆するよう説得してくれた著作権代理人のレスリー・メレディスとメアリー・エヴァンズ、この執筆プロジェクトに寛大なご支援とご助言をいただいた編集者のアレックス・リトルフィールドとジョージーナ・レイロック、そして本書の題材を集めてまとめ上げるうえで専門家ならではの鋭い洞察を披露してくれたトーマス・ルビアンとアマンダ・ムーンに感謝している。また、意見や議論を展開する貴重な場をご提供いただいている《サイエンティフィック・アメリカン》誌のブログ「オブザベーションズ」の編集者マイケル・レモニックに謝意を表したい。

彼らをはじめとする大勢の好意的な協力者から、私は自分自身について、ひいてはこの世界について教えられた。結局、私たちの発見する宇宙の果てを定めているのは、私たちがそこに何があると想像するかなのだ。

解説

国立天文台上席教授
渡部潤一

学問には大きく分けて、XとYの二種類があるといわれている。数学や物理学は英語ではマセマティックス、フィジックスなので、発音的にXで終わる。一方、生物学や化学はバイオロジー、ケミストリーのようにYで終わる。大局的に言えば、前者は多様な現象の奥に潜むユニークな法則を導こうとしているのに対し、後者は多様性そのものに着目して、その分類からはじめる性格が強い。そのため後者では新しい多様性の発見（いわば新種の発見）が学問を大きく進展させてきた。天文学（アストロノミー）もまちがいなく後者に属する。もちろん現代の学問では両者の性格は入り交じっており、宇宙物理学という言い方もされるように、このふたつの分類が明確ではなくなったものの、新種が発見されたときの学問の急速な広がりと世界観の変容は、天文学においてYの学問の要素がいまでも強いことを示している。一九九五年にペガスス座五一番星にはじめて太陽系以外の恒星を回る惑星（系外惑星）が発見されて以降、四半世紀を経過した現在、多様な系外惑星の存在が明らかになり、いまや天文学のメジャーな分野に育っているのが良い例だろう。そして天文学者に衝撃を与え、これと全く同じ状況が起こりそうな予感をさせたのが、太陽系外からやってきた新種の天体オウムアムアの発見だった。

もともと太陽系そのものは、どこかに明確な境界があるわけではなく、いわばオープンな空間である。宇宙探査機「ボイジャー」は太陽の勢力圏である太陽圏の境界（太陽圏界面）を抜け、星間空間に達しているが、太陽風と銀河系の中を吹いている銀河風とがせめぎ合う境界を超えただけで、荷電粒子でない限りは、この境界は外側から太陽圏の中に入り込むのになんら障害にはならない。太陽系生まれ以外の天体が、いつ太陽系に飛び込んできてもおかしくない。銀河系には太陽のような恒星がそれこそ星の数ほど（約二〇〇〇億以上と言われている）存在するのだから、他の恒星系で生まれた小天体が、その生誕地を飛び出し、無数に銀河系空間を漂っているのは当然で、太陽系に入り込んでくること自体は、それほど不思議ではないのである。ただ問題はその視認頻度にある。地球近傍を含む太陽系の内部の大きさは、銀河系からすれば限りなく小さな〝的〟である。喩（たと）えれば、太平洋の真ん中にひとつだけ野球のボールが浮いているようなものだ。宇宙から、そのボールめがけて小石を放り投げても、当たる確率は極めて低いのとほぼ同じ状況である。もちろん、恒星に比べれば、こうした小天体は十桁以上も数が多いはずだ。太陽系を例にしても、太陽一つに対して、彗星や小惑星といった小天体は推定で数百億個以上も生まれたと考えられ、相当数を星間空間に放出してきたと考えられている。

同様に他の恒星のまわりでも無数の小天体が生まれ、その大半が銀河系空間に放り出されていると思ってよいだろう。とすれば、他の恒星で生まれ、漂っている小天体が太陽系に入り込み、かつ太陽にも近づいて、我々が見ることがあるかもしれない。そんな観測可能な狭い空間範囲に、いったいどの程度の頻度で他の恒星起源の天体がやってくるのか。実際、それらの量を推定・検証し、何人かの研究者が確率計算をすることで、逆に星間空間を旅する彗星や小惑星のような小天体がどの程度存在するのか、その空間密度の上限値を推定した研究もなされてきた。大学院生の頃だと思うが、私もそんな論文を読んで「人類が星間空間からの小天体に出会えるのは数千年先になるんじゃないか」と、かなり悲観的になった覚えがある。

しかし、二〇一七年一〇月、オウムアムアの発見は、そんな私の、いや世界中の天文学者の偏見を打ち破り、ブレークスルーをもたらした。星間空間からの小天体という新種の発見としてだけでなく、それまで太陽系生まれの小天体には見られなかった異常な特徴にも注目が集まった。ひとつは形状の奇妙さである。小天体の形状は自転によって太陽光を反射する面積が違ってくるために増光減光を繰り返すが、オウムアムアの変光幅は二等級にも及び、小天体としては余りに激しかった。一様な反射率を仮定すると、その形状は軸比が10：1に及ぶほど極めて細長いか、非常に扁平であると推定された。これまで人類が目にしてきた太陽系の小天体は、極端な例でも3：1どまりで、かなり奇妙だった。もうひとつの特徴は、軌道が正確に決まってくるにつれて判明したオウムアムアの不自然な加速である。しかし、世界中の望遠鏡がいくなかった。

ら観測しても、加速の原因となる、太陽系の彗星のような物質の蒸発・放出活動は一切見られ

これらの異常な特徴から、オウムアムアが知的生命体が作り上げた人工建造物である可能性を指摘したのが、本書の著者アヴィ・ローブらであった。もともと形状の奇妙さだけからも巷(ちまた)では宇宙船説はささやかれていた。10：1というような細長い葉巻型形状は、宇宙航行中に星間空間の塵や小天体との衝突を避けるためには合理的なものだ。進行方向に対して、断面積を最小にすることで塵などと衝突するリスクを少なくできる。その意味では長期の宇宙航行に最も適した形状なのである。ただ、オウムアムアは8時間ほどの周期で、ぐるぐると自転していたため、進行方向に向けて断面積が大きくなる時と小さくなる時があった。これを考えると、巨大宇宙船が取るリスク低減策とは矛盾しており、宇宙船であったとしても、すでに制御されていない、かなり昔に廃棄されたものかもしれないという憶測もなされていた。しかし、ローブは形状だけでなく、加速の原因を太陽光圧を受けて推進される構造物である可能性を定量的に説明してしまったのである。このアイデアに刺激された一部の電波天文学者が、オウムアムアからの人工電波に聞き耳を立てたのだが、残念ながら何も検出できなかった。一方で、彗星や小惑星研究者の誰もが彼らのアイデアには否定的だったし、かくいう私も、こうした異常な特徴に対し、天然自然の天体と考えた上で何か他の説明ができるのではないかと思っていたのは事実である。実際、本書が書かれたのは、まだまだアイデアが出ては試されていた時期だ。

オウムアムアの加速については、本書にも述べられているように、その度合いが日心距離（太陽との距離）に依存していることから、なんらかの物質の蒸発による反作用あるいは太陽光の光圧のどちらかである可能性が高い。位置測定の誤差や重心偏心説という見かけ上の加速だという説に加え、通常の彗星のような水や一酸化炭素ではなく、もっと揮発性の高い物質で説明する様々なモデルが提示されつつある。とりわけ二〇二一年に提案された純粋な窒素氷説は、かなり説得力のあるものだ。冥王星の表面で観測されたハートマーク模様に似た領域への天体衝突によって放出された「窒素の氷河の破片」と考えると、その形状も蒸発による加速も、可視光から赤外線の範囲で放出物が見えない事実も、すべてが説明できる。一般的に言えば、天文学者の間では宇宙船説そのものは、一〇〇パーセント否定することはできないものの、ほぼ棄却されつつある。オウムアムアそのものが太陽系から遠ざかってしまった現時点では、その正体を確かめるすべはなくなってしまったが、様々な想像が膨らむのは確かである。日欧の研究者は、太陽系起源の長周期彗星が主目的ではあるものの、オウムアムアのような天体がやってきたら、すぐに探査機を向かわせるように宇宙空間で待機し続ける新しいタイプの探査計画「コメット・インターセプター」を計画している最中である。

いずれにしろ、現時点で宇宙船説が研究者の間で不利だからといって本書の醍醐味が失われることは決してない。こうした可能性を示すことで綿密な議論を行っていくことこそ科学の正しい方法だからである。人工建造物の可能性を提示したのが、そのあたりの似非科学者ではなく、初代星（ファーストスター）や宇宙の再電離、巨大ブラックホールの研究などで多数の業績を上げてきた、まっとうな天体物理学者のアヴィ・ローブであることも合わせて考えると、本書の意義がさらに深まる。ローブはもともと著名だった上に、たとえばアンドロメダ銀河と我々の銀河系の衝突後に合体して生まれる新しい銀河に「ミルコメダ」（ミルキーウェイとアンドロメダを合体させた造語）と名付けるなど、奇抜さとユーモアを兼ね備えた人物として認識されてきた。本書では、オウムアムアそのものについての記述や考え方はもちろん、そもそもこうしたユニークな発想の原点がどこにあるのかを明らかにしている。イスラエルの開拓地に育った少年時代から回想し、徴兵制などのイスラエル人としての経歴に影響された哲学的思想に端を発していること、目指していた哲学と天文学が親和性があり、人との偶然の出会いもあって進んできた道であることや、（本書のテーマでもあるオウムアムア＝知的生命建造物説のような）異説（アノマリー）の存在が学問を健全に導いていくという信念、そして現代の学術界が若手の本来持ち得るユニークな発想の芽を摘んでしまっているのではないかという危惧を持ち、それがひいては学術界全体の発展にとってマイナスになってしまうという強い危機感を抱いていることが見て取れる。こういった異説を含めた議論のプロセスそのものがオープンに市民に開示されることが健全だという意見には、広報普及活動に携わってきた私もまったく同感である。結果はもちろん、その結果が導かれていく過程にこそ科学の醍醐味があるからだ。その過程で様々な異説が登場しては、いろいろな角度から可能性が検討されていくことで、研究者自身も視野が広がっていく。

著者は、本書で自説が異説(アノマリー)であると認識しながらも、それを打ち出し、議論していくことの大切さを説いているのだ。もちろん、その裏にはスターショット計画（多数の無人探査機を打ち上げ、地上からレーザー光を当てて光速の三割ほどまで加速し、太陽から最も近い恒星・惑星系であるケンタウルス座のプロキシマを探査する計画）を率先してきた独自の立場や見識も基礎となっている。なんといっても、オウムアムアの加速の原因は太陽光による光圧と考えてもなんら矛盾はない。また、このオウムアムアの運動は太陽近傍の恒星系の空間移動の平均値である局所静止基準とほぼ一致していることにローブは注目している。それは偶然ではなく、知的生命が建造し、定点観測用におかれた探査用ブイなのではないか、と想像を巡らせているのだ。広大な銀河系空間のあちこちに、大海原に浮かべられたブイのような探査機がばらまかれているという発想は、さすがローブならではであろう。

オウムアムアという、人類がはじめて目撃した新種の天体がもたらしたブレークスルーは実に大きい。本書には紹介されていないが、希有な形状の原因だけでも、潮汐破壊破片説、フラクタルダスト集積体説、水素分子氷説、微惑星集積説などバラエティに富んでいる。また、オウムアムアのような星間空間小天体をひとつのツールとして、恒星の一種である金属欠乏星に迫る研究もあり、この新種がもたらした科学的な刺激はきわめて大きなものがある。そして、この余波は今後も続くはずだ。本書でも紹介されたように、新種の天体の二番目としてボリソフ彗星が発見されたことは、そこに偶然性があるにせよ、われわれは星間空間を旅する小天体の空間密度を過小評価していたことを示している。今後、アメリカのヴェラ・ルービン天文台などのサーベイ型大型望遠鏡が稼働すれば、新種の多様性が明らかになり、もしかするとローブが言うように、われわれが知的生命の片鱗に出会える日が来るのかもしれない。

二〇二二年一月

原　注

1 斥候

1 International Astronomical Union, “The IAU Approves New Type of Designation for Interstellar Objects,” November 14, 2017, https://www.iau.org/news/announcements/detail/ann17045/.

3 アノマリー

1 Marco Micheli et al., “Non-Gravitational Acceleration in the Trajectory of 1I/2017 U1 (‘Oumuamua),” *Nature* 559 (2018): 223–26, https://www.ifa.hawaii.edu/~meech/papers/2018/Micheli2018-Nature.pdf.（購読者は https://www.natureasia.com/ja-jp/nature/559/7713 から日本語要約「天文学：1I/2017 U1（オウムアムア）の軌道における非重力的な加速」にアクセスできる）

2 Roman Rafikov, “Spin Evolution and Cometary Interpretation of the Interstellar Minor Object 1I/2017 ‘Oumuamua,” *Astrophysical Journal* (2018), https://arxiv.org/pdf/1809.06389.pdf.

3 David E. Trilling et al., “*Spitzer Observations of Interstellar Object 1I/‘Oumuamua,*” *Astronomical Journal* (2018), https://arxiv.org/pdf/1811.08072.pdf.

4 Man-To Hui and Mathew M. Knight, “New Insights into Interstellar Object 1I/2017 U1 (‘Oumuamua) from *SOHO/STEREO Nondetections,*” *Astronomical Journal* (2019), https://arxiv.org/pdf/1910.10303.pdf.

5 NASA, “Nearing 3,000 Comets: SOHO Solar Observatory Greatest Comet Hunter of All Time,” July 30, 2015, https://www.nasa.gov/feature/goddard/soho/solar-observatory-greatest-comet-hunter-of-all-time.

6 Darryl Seligman and Gregory Laughlin, “Evidence That 1I/2017 U1 (‘Oumuamua) Was Composed of Molecular Hydrogen Ice,” *Astrophysical Journal Letters* (2020), https://arxiv.org/pdf/2005.12932.pdf.

7 Zdenek Sekanina, “1I/‘Oumuamua As Debris of Dwarf Interstellar Comet That Disintegrated Before Perihelion,” arXiv.org (2019), https://arxiv.org/pdf/1901.08704.pdf.

8 Amaya Moro-Martin, “Could 1I‘Oumuamua Be an Icy Fractal Aggregate,” *Astrophysical Journal* (2019), https://arxiv.org/pdf/1902.04100.pdf.

9 Sergey Mashchenko, “Modeling the Light Curve of ‘Oumuamua: Evidence for

Torque and Disk-Like Shape," *Monthly Notices of the Royal Astronomical Society* (2019), https://arxiv.org/pdf/1906.03696.pdf.

10 Yun Zhang and Douglas N. C. Lin, "Tidal Fragmentation as the Origin of 1I/2017 U1 ('Oumuamua)," *Nature Astronomy* (2020), https://arxiv.org/pdf/2004.07218.pdf.（概要が「惑星科学：オウムアムアはどのように形成されたか」〔https://www.natureasia.com/ja-jp/natastron/pr-highlights/13281〕で紹介されている）

5 ライトセイル仮説

1 'Oumuamua ISSI Team, "The Natural History of 'Oumuamua," *Nature Astronomy* 3 (2019), https://arxiv.org/pdf/1907.01910.pdf.

2 Michelle Starr, "Astronomers Have Analysed Claims 'Oumuamua's an Alien Ship, and It's Not Looking Good," *Science Alert*, July 1, 2019, https://www.sciencealert.com/astronomers-have-determined-oumuamua-is-really-truly-not-an-alien-lightsail.

6 貝殻とブイ

1 Aaron Do, Michael A. Tucker, and John Tonry, "Interstellar Interlopers: Number Density and Origin of 'Oumuamua-Like Objects," *Astrophysical Journal* (2018), https://arxiv.org/pdf/1801.02821.pdf.

2 Amaya Moro-Martin, "Origin of 1I'Oumuamua. I. An Ejected Protoplanetary Disk Object?," *Astrophysical Journal (2018), 202* | https://arxiv.org/pdf/1810.02148.pdf; Amaya Moro-Martin, "II. An Ejected Exo-Oort Cloud Object," *Astronomical Journal* (2018), https://arxiv.org/pdf/1811.00023.pdf.

3 Eric Mamajek, "Kinematics of the Interstellar Vagabond 1I/`Oumuamua (A/2017 U1)," *Research Notes of the American Astronomical Society* (2017), https://arxiv.org/abs/1710.11364.

7 子どもから学ぶ

1 Giuseppe Cocconi and Philip Morrison, "Searching for Interstellar Communications," *Nature* 184, no. 4690 (September 19, 1959): 844–46, http://www.iaragroup.org/_OLD/seti/pdf_IARA/cocconi.pdf

2 Adam Mann, "Intelligent Ways to Search for Extraterrestrials," *New Yorker* (October 3, 2019).（ULR は https://www.newyorker.com/science/elements/intelligent-ways-to-search-for-extraterrestrials）

3 Jason Wright, "SETI Is a Very Young Field (Academically)," *AstroWright* (blog), January 23, 2019, https://sites.psu.edu/astrowright/2019/01/23/seti-is-a-very-young-field-academically/.

9 フィルター

1 Silpa Kaza et al., "What a Waste 2.0: A Global Snapshot of Solid Waste Management to 2050," World Bank (2018), https://openknowledge.worldbank.org/handle/10986/30317.

2 Mario Livio, "Winston Churchill's Essay on Alien Life Found," *Nature* (2017), https://www.nature.com/news/winston-churchill-s-essay-on-alien-life-found-1.21467（邦訳は「チャーチルの地球外生命論」、Nature ダイジェスト Vol. 14 No. 5）; Brian Handwerk, "'Are We Alone in the Universe?' Winston Churchill's Lost Extraterrestrial Essay Says No," SmithsonianMag.com, February 16, 2017, https://www.smithsonianmag.com/science-nature/winston-churchill-question-alien-life-180962198/.

13 特異点

1 2016年4月22日にホーキングがわが家で行った短いスピーチの動画は https://www.cfa.harvard.edu/~loeb/SI.html でご覧いただける。

おわりに

1 Gilbert V. Levin, "I'm Convinced We Found Evidence of Life on Mars in the 1970s," *Scientific American,* October 10, 2019, https://blogs.scientificamerican.com/observations/im-convinced-we-found-evidence-of-life-on-mars-in-the-1970s/.

後　記

1 Greaves, J. et al., "Phosphine Gas in the Cloud Decks of Venus," *Nature Astronomy* (2020), https://arxiv.org/ftp/arxiv/papers/2009/2009.06593.pdf.

2 Seager, S. et al., "The Venusian Lower Atmosphere Haze as a Depot for Desiccated Microbial Life: A Proposed Life Cycle for Persistence of the Venusian Aerial Biosphere," *Astrobiology* (2020), https://arxiv.org/ftp/arxiv/papers/2009/2009.06474.pdf.

3 Lingam, M., and A. Loeb, "On the Biomass Required to Produce Phosphine Detected in the Cloud Decks of Venus," *arXiv.org* (2020), https://arxiv.org/pdf/2009.07835.pdf.

4 Siraj, A., and A. Loeb, "Transfer of Life Between Earth and Venus with Planet-Grazing Asteroids," *arXiv.org* (2020), https://arxiv.org/pdf/2009.09512.pdf.

参考文献

本書で述べているアイデアの多くは、私が以前発表した論文や記事で初めて取り上げて検討したものだ。ハイパーリンク付きの一覧を https://www.cfa.harvard.edu/~loeb/Oumuamua.html に用意してある。

以下では、各章のトピックをさらに掘り下げている私の論文や記事を一部挙げてある。このセクションで挙げているURLのリダイレクト先はすべてarXivという、学術論文を学界や市民にアクセスできるようにしているプレプリント（査読前論文）サーバーである。

はじめに

Loeb, A. “The Case for Cosmic Modesty.” *Scientific American*, June 28, 2017, https://blogs.scientificamerican.com/observations/the-case-for-cosmic-modesty/.

———. “Science Is Not About Getting More Likes.” *Scientific American*, October 8, 2019, https://blogs.scientificamerican.com/observations/science-is-not-about-getting-more-likes/.

———. “Seeking the Truth When the Consensus Is Against You.” *Scientific American*, November 9, 2018, https://blogs.scientificamerican.com/observations/seeking-the-truth-when-the-consensus-is-against-you/.

———. “Essential Advice for Fledgling Scientists.” *Scientific American*, December 2, 2019, https://blogs.scientificamerican.com/observations/essential-advice-for-fledgling-scientists/.

———. “A Tale of Three Nobels.” *Scientific American*, December 18, 2019, https://blogs.scientificamerican.com/observations/a-tale-of-three-nobels/.

———. “Advice to Young Scientists: Be a Generalist.” *Scientific American*, March 16, 2020, https://blogs.scientificamerican.com/observations/advice-for-young-scientists-be-a-generalist/.

———. “The Power of Scientific Brainstorming.” *Scientific American*, July 23, 2020, https://www.scientificamerican.com/article/the-power-of-scientific-brainstorming/.

———. “A Movie of the Evolving Universe Is Potentially Scary.” *Scientific American*, August 2, 2020. https://www.scientificamerican.com/article/a-movie-of-the-evolving-universe-is-potentially-scary/.

Moro-Martin, A., E. L. Turner, and A. Loeb. "Will the Large Synoptic Survey Telescope Detect Extra-Solar Planetesimals Entering the Solar System?" *Astrophysical Journal* (2009), https://arxiv.org/pdf/0908.3948.pdf.

1 斥候

Bialy, S., and A. Loeb. "Could Solar Radiation Pressure Explain 'Oumuamua's Peculiar Acceleration?" *Astrophysical Journal Letters* (2018), https://arxiv.org/pdf/1810.11490.pdf.

Loeb, A. "How to Search for Dead Cosmic Civilizations." *Scientific American*, September 27, 2018, https://blogs.scientificamerican.com/observations/how-to-search-for-dead-cosmic-civilizations/.

———. "Are Alien Civilizations Technologically Advanced?" *Scientific American*, January 8, 2018, https://blogs.scientificamerican.com/observations/are-alien-civilizations-technologically-advanced/.

———. "Q&A with a Journalist." Center for Astrophysics, Harvard University, January 25, 2019, https://www.cfa.harvard.edu/~loeb/QA.pdf.

2 農園

Loeb, A. "The Humanities of the Future." *Scientific American*, March 22, 2019, https://blogs.scientificamerican.com/observations/the-humanities-and-the-future/.

———. "One thing to change: Think more like children." *Harvard Gazette*, July 1, 2019, https://news.harvard.edu/gazette/story/2019/06/focal-point-harvard-professor-avi-loeb-wants-more-scientists-to-think-like-children/.

———. "A Scientist Must Go where the Evidence Leads." *Scientific American*, August 14, 2019, https://blogs.scientificamerican.com/observations/a-scientist-must-go-where-the-evidence-leads/.

———. "Beware of 'Theories of Everything'." *Scientific American*, June 9, 2020, https://blogs.scientificamerican.com/observations/beware-of-theories-of-everything/.

Loeb, A., and E. L. Turner. "Detection Technique for Artificially Illuminated Objects in the Outer Solar System and Beyond." *Astrobiology* (2012), https://arxiv.org/pdf/1110.6181.pdf.

3 アノマリー

Hoang, T., and A. Loeb. "Destruction of Molecular Hydrogen Ice and Implications for 1I/2017 U1 ('Oumuamua)." *Astrophysical Journal Letters* (2020), https://arxiv.

org/pdf/2006.08088.pdf.
Lingam, M., and A. Loeb. "Implications of Captured Interstellar Objects for Panspermia and Extraterrestrial Life." *Astrophysical Journal* (2018), https://arxiv.org/pdf/1801.10254.pdf.
Loeb, A. "Theoretical Physics Is Pointless Without Experimental Tests." *Scientific American*, August 10, 2018, https://blogs.scientificamerican.com/observations/theoretical-physics-is-pointless-without-experimental-tests/.
———. "The Power of Anomalies." *Scientific American*, August 28, 2018, https://blogs.scientificamerican.com/observations/the-power-of-anomalies/.
———. "On 'Oumuamua." Center for Astrophysics, Harvard University, November 5, 2018, https://www.cfa.harvard.edu/~loeb/Oumuamua.pdf.
———. "6 Strange Facts About the First Interstellar Visitor, 'Oumuamua." *Scientific American*, November 20, 2018, https://blogs.scientificamerican.com/observations/6-strange-facts-about-the-interstellar-visitor-oumuamua/.
———. "How to Approach the Problem of 'Oumuamua." *Scientific American*, December 19, 2018, https://blogs.scientificamerican.com/observations/how-to-approach-the-problem-of-oumuamua/.
———. "The Moon as a Fishing Net for Extraterrestrial Life." *Scientific American*, September 25, 2019, https://blogs.scientificamerican.com/observations/the-moon-as-a-fishing-net-for-extraterrestrial-life/.
———. "The Simple Truth About Physics." *Scientific American*, January 1, 2020, https://blogs.scientificamerican.com/observations/the-simple-truth-about-physics/.
Sheerin, T. F., and A. Loeb. "Could 1I/2017 U1 'Oumuamua Be a Solar Sail Hybrid?" Center for Astrophysics, Harvard University, May 2020, https://www.cfa.harvard.edu/~loeb/TL.pdf.
Siraj, A., and A. Loeb. " 'Oumuamua's Geometry Could Be More Extreme than Previously Inferred." *Research Notes of the American Astronomical Society* (2019), http://iopscience.iop.org/article/10.3847/2515-5172/aafe7c/meta.
———. "Identifying Interstellar Objects Trapped in the Solar System Through Their Orbital Parameters." *Astrophysical Journal Letters* (2019), https://arxiv.org/pdf/1811.09632.pdf.
———. "An Argument for a Kilometer-Scale Nucleus of C/2019 Q4." *Research Notes of the American Astronomical Society* (2019), https://arxiv.org/pdf/1909.07286.pdf.

4 スターチップ

Christian, P., and A. Loeb. "Interferometric Measurement of Acceleration at Relativistic Speeds." *Astrophysical Journal* (2017), https://arxiv.org/pdf/1608.08230.pdf.

Guillochon, J., and A. Loeb. "SETI via Leakage from Light Sails in Exoplanetary Systems." *Astrophysical Journal* (2016), https://arxiv.org/pdf/1508.03043.pdf.

Kreidberg, L., and A. Loeb. "Prospects for Characterizing the Atmosphere of Proxima Centauri b." *Astrophysical Journal Letters* (2016), https://arxiv.org/pdf/1608.07345.pdf.

Loeb, A. "On the Habitability of the Universe." *Consolidation of Fine Tuning* (2016), https://arxiv.org/pdf/1606.08926.pdf.

———. "Searching for Life Among the Stars." *Pan European Networks: Science and Technology*, July 2017, https://www.cfa.harvard.edu/~loeb/PEN.pdf.

———. "Breakthrough Starshot: Reaching for the Stars." *SciTech Europa Quarterly*, March 2018, https://www.cfa.harvard.edu/~loeb/Loeb_Starshot.pdf.

———. "Sailing on Light." *Forbes*, August 8, 2018, https://www.cfa.harvard.edu/~loeb/Loeb_Forbes.pdf.

———. "Interstellar Escape from Proxima b Is Barely Possible with Chemical Rockets." *Scientific American*, 2018, https://arxiv.org/pdf/1804.03698.pdf.

Loeb, A., R. A. Batista, and D. Sloan. "Relative Likelihood for Life as a Function of Cosmic Time." *Journal of Cosmology and Astroparticle Physics* (2016), https://arxiv.org/pdf/1606.08448.pdf.

Manchester, Z., and A. Loeb. "Stability of a Light Sail Riding on a Laser Beam." *Astrophysical Journal Letters* (2017), https://arxiv.org/pdf/1609.09506.pdf.

5 ライトセイル仮説

Hoang, T., and A. Loeb. "Electromagnetic Forces on a Relativistic Spacecraft in the Interstellar Medium." *Astrophysical Journal* (2017), https://arxiv.org/pdf/1706.07798.pdf.

Hoang, T., A. Lazarian, B. Burkhart, and A. Loeb. "The Interaction of Relativistic Spacecrafts with the Interstellar Medium." *Astrophysical Journal* (2017), https://arxiv.org/pdf/1608.05284.pdf.

Hoang, T., A. Loeb, A. Lazarian, and J. Cho. "Spinup and Disruption of Interstellar Asteroids by Mechanical Torques, and Implications for 1I/2017 U1 ('Oumuamua)." *Astrophysical Journal* (2018), https://arxiv.org/pdf/1802.01335.pdf.

Loeb, A. "An Audacious Explanation for Fast Radio Bursts." *Scientific American*, June 24, 2020, https://www.scientificamerican.com/article/an-audacious-

explanation-for-fast-radio-bursts/.

6 貝殻とブイ

Lingam, M., and A. Loeb. "Risks for Life on Habitable Planets from Superflares of Their Host Stars." *Astrophysical Journal* (2017), https://arxiv.org/pdf/1708.04241.pdf.

———. "Optimal Target Stars in the Search for Life." *Astrophysical Journal Letters* (2018), https://arxiv.org/pdf/1803.07570.pdf.

Loeb, A. "For E.T. Civilizations, Location Could Be Everything." *Scientific American*, March 13, 2018, https://blogs.scientificamerican.com/observations/for-e-t-civilizations-location-could-be-everything/.

———. "Space Archaeology." *Atmos*, November 8, 2019, https://www.cfa.harvard.edu/~loeb/Atmos_Loeb.pdf.

Siraj, A., and A. Loeb. "Radio Flares from Collisions of Neutron Stars with Interstellar Asteroids." *Research Notes of the American Astronomical Society* (2019), https://arxiv.org/pdf/1908.11440.pdf.

———. "Observational Signatures of Sub-Relativistic Meteors." *Astrophysical Journal Letters* (2020), https://arxiv.org/pdf/2002.01476.pdf.

7 子どもから学ぶ

Lingam, M., and A. Loeb. "Fast Radio Bursts from Extragalactic Light Sails." *Astrophysical Journal Letters* (2017), https://arxiv.org/pdf/1701.01109.pdf.

———. "Relative Likelihood of Success in the Searches for Primitive Versus Intelligent Life." *AstroBiology* (2019), https://arxiv.org/pdf/1807.08879.pdf.

8 広 大

Loeb, A. "Geometry of the Universe." *Astronomy*, July 8, 2020, https://www.cfa.harvard.edu/~loeb/Geo.pdf.

———. *How Did the First Stars and Galaxies Form?* Princeton, NJ: Princeton University Press, 2010.

Loeb, A., and S. R. Furlanetto. *The First Galaxies in the Universe*. Princeton, NJ: Princeton University Press, 2013.

Loeb, A., and M. Zaldarriaga. "Eavesdropping on Radio Broadcasts from Galactic Civilizations with Upcoming Observatories for Redshifted 21 Cm Radiation." *Journal of Cosmology and Astroparticle Physics* (2007), https://arxiv.org/pdf/astro-ph/0610377.pdf.

9 フィルター

Lingam, M., and A. Loeb. "Propulsion of Spacecrafts to Relativistic Speeds Using Natural Astrophysical Sources." *Astrophysical Journal* (2020), https://arxiv.org/pdf/2002.03247.pdf.

Loeb, A. "Our Future in Space Will Echo Our Future on Earth." *Scientific American*, January 10, 2019, https://blogs.scientificamerican.com/observations/our-future-in-space-will-echo-our-future-on-earth/.

———. "When Lab Experiments Carry Theological Implications." *Scientific American*, April 22, 2019, https://blogs.scientificamerican.com/observations/when-lab-experiments-carry-theological-implications/.

———. "The Only Thing That Remains Constant Is Change." *Scientific American*, September 6, 2019, https://blogs.scientificamerican.com/observations/the-only-thing-that-remains-constant-is-change/.

Siraj, A., and A. Loeb. "Exporting Terrestrial Life Out of the Solar System with Gravitational Slingshots of Earthgrazing Bodies." *International Journal of Astrobiology* (2019), https://arxiv.org/pdf/1910.06414.pdf.

10 宇宙考古学

Lin, H. W., G. Gonzalez Abad, and A. Loeb. "Detecting Industrial Pollution in the Atmospheres of Earth-Like Exoplanets." *Astrophysical Journal Letters* (2014), https://arxiv.org/pdf/1406.3025.pdf.

Lingam, M., and A. Loeb. "Natural and Artificial Spectral Edges in Exoplanets." *Monthly Notices of the Royal Astronomical Society* (2017), https://arxiv.org/pdf/1702.05500.pdf.

Loeb, A. "Making the Church Taller." *Scientific American*, October 18, 2018, https://blogs.scientificamerican.com/observations/making-the-church-taller/.

———. "Advanced Extraterrestrials as an Approximation to God." *Scientific American*, January 26, 2019, https://blogs.scientificamerican.com/observations/advanced-extraterrestrials-as-an-approximation-to-god/.

———. "Are We Really the Smartest Kid on the Cosmic Block?" *Scientific American*, March 4, 2019, https://blogs.scientificamerican.com/observations/are-we-really-the-smartest-kid-on-the-cosmic-block/.

———. "Visionary Science Takes More Than Just Technical Skills." *Scientific American*, May 25, 2020, https://blogs.scientificamerican.com/observations/visionary-science-takes-more-than-just-technical-skills/.

11 オウムアムアの賭け

Chen, H., J. C. Forbes, and A. Loeb. "Influence of XUV Irradiation from Sgr A* on Planetary Habitability and Occurrence of Panspermia near the Galactic Center." *Astrophysical Journal Letters* (2018), https://arxiv.org/pdf/1711.06692.pdf.

Cox, T. J., and A. Loeb. "The Collision Between the Milky Way and Andromeda." *Monthly Notices of the Royal Astronomical Society* (2008), https://arxiv.org/pdf/0705.1170.pdf.

Forbes, J. C., and A. Loeb. "Evaporation of Planetary Atmospheres Due to XUV Il-lumination by Quasars." *Monthly Notices of the Royal Astronomical Society* (2018), https://arxiv.org/pdf/1705.06741.pdf.

Loeb, A. "Long-Term Future of Extragalactic Astronomy." *Physical Review D* (2002), https://arxiv.org/pdf/astro-ph/0107568.pdf.

———. "Cosmology with Hypervelocity Stars." *Journal of Cosmology and Astroparticle Physics* (2011), https://arxiv.org/pdf/1102.0007.pdf.

———. "Why a Mission to a Visiting Interstellar Object Could Be Our Best Bet for Finding Aliens." *Gizmodo*, October 31, 2018, https://gizmodo.com/why-a-mission-to-a-visiting-interstellar-object-could-b-1829975366.

———. "Be Kind to Extraterrestrials." *Scientific American*, February 15, 2019, https://blogs.scientificamerican.com/observations/be-kind-to-extraterrestrials/.

———. "Living Near a Supermassive Black Hole." *Scientific American*, March 11, 2019, https://blogs.scientificamerican.com/observations/living-near-a-supermassive-black-hole/.

12 種(たね)

Ginsburg, I., M. Lingam, and A. Loeb. "Galactic Panspermia." *Astrophysical Journal* (2018), https://arxiv.org/pdf/1810.04307.pdf.

Lingam, M., I. Ginsburg, and A. Loeb. "Prospects for Life on Temperate Planets Around Brown Dwarfs." *Astrophysical Journal* (2020), https://arxiv.org/pdf/1909.08791.pdf.

Lingam, M., and A. Loeb. "Subsurface Exolife." *International Journal of Astrobiology* (2017), https://arxiv.org/pdf/1711.09908.pdf.

———. "Brown Dwarf Atmospheres as the Potentially Most Detectable and Abundant Sites for Life." *Astrophysical Journal* (2019), https://arxiv.org/pdf/1905.11410.pdf.

———. "Dependence of Biological Activity on the Surface Water Fraction of Planets." *Astronomical Journal* (2019), https://arxiv.org/pdf/1809.09118.pdf.

———. "Physical Constraints for the Evolution of Life on Exoplanets." *Reviews of Modern Physics* (2019), https://arxiv.org/pdf/1810.02007.pdf.

Loeb, A. "In Search of Green Dwarfs." *Scientific American*, June 3, 2019, https://blogs.scientificamerican.com/observations/in-search-of-green-dwarfs/.

———. "Did Life from Earth Escape the Solar System Eons Ago?" *Scientific American*, November 4, 2019, https://blogs.scientificamerican.com/observations/did-life-from-earth-escape-the-solar-system-eons-ago/.

———. "What Will We Do When the Sun Gets Too Hot for Earth's Survival?" *Scientific American*, November 25, 2019, https://blogs.scientificamerican.com/observations/what-will-we-do-when-the-sun-gets-too-hot-for-earths-survival/.

———. "Surfing a Supernova." *Scientific American*, February 3, 2020, https://blogs.scientificamerican.com/observations/surfing-a-supernova/.

Siraj, A., and A. Loeb. "Transfer of Life by Earth-Grazing Objects to Exoplanetary Systems." *Astrophysical Journal Letters* (2020), https://arxiv.org/pdf/2001.02235.pdf.

Sloan, D., R. A. Batista, and A. Loeb. "The Resilience of Life to Astrophysical Events." *Nature Scientific Reports* (2017), https://arxiv.org/pdf/1707.04253.pdf.

13 特異点

Broderick, A., and A. Loeb. "Portrait of a Black Hole." *Scientific American*, 2009, https://www.cfa.harvard.edu/~loeb/sciam2.pdf.（邦訳は「ブラックホールの容貌（かたち）を撮る」日経サイエンス 2010 年 3 月号など）

Forbes, J., and A. Loeb. "Turning Up the Heat on 'Oumuamua." *Astrophysical Journal Letters* (2019), https://arxiv.org/pdf/1901.00508.pdf.

Loeb, A. "'Oumuamua's Cousin?" *Scientific American*, May 6, 2019, https://blogs.scientificamerican.com/observations/oumuamuas-cousin/.

———. "It Takes a Village to Declassify an Error Bar." *Scientific American*, July 3, 2019, https://blogs.scientificamerican.com/observations/it-takes-a-village-to-declassify-an-error-bar/.

———. "Can the Universe Provide Us with the Meaning of Life?" *Scientific American*, November 18, 2019, https://blogs.scientificamerican.com/observations/can-the-universe-provide-us-with-the-meaning-of-life/.

———. "In Search of Naked Singularities." *Scientific American*, May 3, 2020, https://blogs.scientificamerican.com/observations/in-search-of-naked-singularities/.

Siraj, A., and A. Loeb. "Discovery of a Meteor of Interstellar Origin." *Astrophysical Journal Letters* (2019), https://arxiv.org/pdf/1904.07224.pdf.

———. "Probing Extrasolar Planetary Systems with Interstellar Meteors." *Astrophysical Journal Letters* (2019), https://arxiv.org/pdf/1906.03270.pdf.

———. "Halo Meters." *Astrophysical Journal Letters* (2019), https://arxiv.org/pdf/1906.05291.pdf.

おわりに

Lingam, M., and A. Loeb. "Searching the Moon for Extrasolar Material and the Building Blocks of Extraterrestrial Life." *Publications of the National Academy of Sciences* (2019), https://arxiv.org/pdf/1907.05427.pdf.

Loeb, A. "Science Is an Infinite-Sum Game." *Scientific American*, July 31, 2018, https://blogs.scientificamerican.com/observations/science-is-an-infinite-sum-game/.

———. "Why Should Scientists Mentor Students?" *Scientific American*, February 25, 2020, https://blogs.scientificamerican.com/observations/why-should-scientists-mentor-students/.

———. "Why the Pursuit of Scientific Knowledge Will Never End." *Scientific American*, April 6, 2020, https://blogs.scientificamerican.com/observations/why-the-pursuit-of-scientific-knowledge-will-never-end/.

———. "A Sobering Astronomical Reminder from COVID-19." *Scientific American*, April 22, 2020, https://blogs.scientificamerican.com/observations/a-sobering-astronomical-reminder-from-covid-19/.

———. "Living with Scientific Uncertainty." *Scientific American*, July 15, 2020, https://www.scientificamerican.com/article/living-with-scientific-uncertainty/.

———. "What If We Could Live for a Million Years?" *Scientific American*, August 16, 2020, https://www.cfa.harvard.edu/~loeb/Li.pdf.

Siraj, A., and A. Loeb. "Detecting Interstellar Objects through Stellar Occultations." *Astrophysical Journal* (2019), https://arxiv.org/pdf/2001.02681.pdf.

———. "A Real-Time Search for Interstellar Impact on the Moon." *Acta Astronautica* (2019), https://arxiv.org/pdf/1908.08543.pdf.

オウムアムアは地球人(ちきゅうじん)を見(み)たか？
異星文明との遭遇

2022年4月10日　初版印刷
2022年4月15日　初版発行

＊

著　者　アヴィ・ローブ
訳　者　松井信彦(まついのぶひこ)
発行者　早川　浩

＊

印刷所　中央精版印刷株式会社
製本所　中央精版印刷株式会社

＊

発行所　株式会社　早川書房
東京都千代田区神田多町2－2
電話　03-3252-3111
振替　00160-3-47799
https://www.hayakawa-online.co.jp
定価はカバーに表示してあります
ISBN978-4-15-210099-3　C0044
Printed and bound in Japan
乱丁・落丁本は小社制作部宛お送り下さい。
送料小社負担にてお取りかえいたします。

ホーキング、宇宙を語る
——ビッグバンからブラックホールまで

A Brief History of Time

スティーヴン・W・ホーキング

林 一訳

ハヤカワ文庫NF

スティーヴン・W
ホーキング
林一訳
Stephen W. Hawking
A BRIEF HISTORY OF TIME:
From the Big Bang to Black Holes
ホーキング、宇宙を語る
ビッグバンから
ブラックホールまで

現代の神話の語り部による世界的ベストセラー

宇宙はいかに生まれ、どんな構造をもっているか。この根源的な問いに挑む「アインシュタインの再来」にして、難病と闘いながら遥かな時空へ思考をはせる車椅子の天才ホーキング。宇宙の神秘さえ解き明かす人間理性の営為に世界が驚嘆した、現代最高の宇宙論。解説／池内了